智造创想与应用开发研究

廖晓玲　徐文峰　徐紫宸　等著

北　京

冶金工业出版社

2019

内 容 提 要

本书是以智造创想与应用开发研究为出发点，经过几年的思考与实践撰写的项目探究式著作。本书包括 5 个实战项目模块，第 1 模块项目以 3D 打印技术为基础，以竞赛计划的项目形式，开展创意设计与打印实战项目研究；第 2 模块项目以微流控芯片为基础，结合现代快检技术 POCT 开展麻醉剂、炎症因子量子点高通量、快速检测项目研究；第 3 模块项目是基于老人与儿童看护问题的机器人智能开发项目研究；第 4 模块项目结合互联网+共享经济对医疗健康检测开展的机器人项目研究；第 5 模块是基于单片机开展的血氧以及环境有害气体的监测项目研究。

本书可供智造创想与应用开发相关领域的工程技术人员参考，也可作为高等院校材料类、机械类、电子信息类、生物医药类专业的大学生实践实训教材。

图书在版编目（CIP）数据

智造创想与应用开发研究/廖晓玲等著．—北京：

冶金工业出版社，2019.1

ISBN 978-7-5024-7939-8

Ⅰ.①智…　Ⅱ.①廖…　Ⅲ.①智能技术—研究

Ⅳ.①TP18

中国版本图书馆 CIP 数据核字（2018）第 238447 号

出 版 人　谭学余

地　　　址　北京市东城区嵩祝院北巷 39 号　邮编　100009　电话　（010）64027926

网　　　址　www.cnmip.com.cn　电子信箱　yjcbs@cnmip.com.cn

责任编辑　张熙莹　美术编辑　吕欣童　版式设计　孙跃红

责任校对　郭惠兰　责任印制　牛晓波

ISBN 978-7-5024-7939-8

冶金工业出版社出版发行；各地新华书店经销；北京建宏印刷有限公司印刷

2019 年 1 月第 1 版，2019 年 1 月第 1 次印刷

169mm×239mm；6.75 印张；129 千字；99 页

35.00 元

冶金工业出版社　投稿电话　（010）64027932　投稿信箱　tougao@cnmip.com.cn

冶金工业出版社营销中心　电话　（010）64044283　传真　（010）64027893

冶金书店　地址　北京市东四西大街 46 号（100010）　电话　（010）65289081（兼传真）

冶金工业出版社天猫旗舰店　yjgycbs.tmall.com

前　言

现代产业正向精准化、智能化、高效化方向发展。其中，3D 打印为 21 世纪纳微结构精准制造的典型代表，大大加速了增材技术的发展；微流控芯片被称为 21 世纪颠覆性技术，其可设计性与加工性实现了高通量、精准调控的技术要求；智能化技术是制造自动化的发展方向，而智能制造日益成为未来制造业发展的重大趋势和核心内容，是加快发展方式转变、促进工业向中高端迈进、建设制造强国的重要举措，也是新常态下打造新的国际竞争优势的必然选择。目前，3D 打印、微流控芯片以及智能化已经形成现代产业的辉煌标志，为各国竞相发展的新技术产业。

作者在参考国内外相关资料及关注近年来研究动态的基础上，根据多年的智造创想与应用开发研究经验和体会编写了本书。将现代新技术、新材料与新思路与实践相结合，本书可供智造创想与应用开发相关领域的工程技术人员参考，也可作为高等院校材料类、机械类、电子信息类、生物医药类专业的大学生实践实训教材。

本书是由廖晓玲教授组织策划，并与徐文峰教授、重庆大学徐紫宸博士、重庆科技学院功能材料专业教学秘书杨晓玲老师统筹编写，重庆科技学院智造创想师生团队具体参与实施完成的。本书在项目实施和编写出版过程中，得到了重庆大学季忠教授及美国加州大学旧金山分校胡晓教授的指导与帮助，同时也得到国家自然科学基金重点项目（编号：11532004）、重庆市科委自然科学基金项目（编号：CSTC2015JCYJBX0003、CSTC2018JCYJAX0286）、重庆科技学院学科带头人人才项目、纳微智能材料重庆高校创新团队（编号：CXTDX201601032）、材料科学与工程重庆市高校重点学科建设项目以及纳微生物医学检测重庆市工程实验室的大力支持，在此一并表示衷心的感谢！

　　由于作者水平所限，书中不足之处，敬请读者批评指正。

作　者

2018 年 10 月

目　　录

第 1 模块 3D 作品创意设计与打印

1.1 3D 打印之梦

3D 打印是一种以数字模型文件为基础，通过逐层打印的方式来构造立体物件的快速材料成型技术，避免了车、铣、钻等多道传统加工程序，可快速而精密地制造出任意复杂形状的物件模型，从而实现"自由制造"。3D 打印可以打造许多过去无法一次完成的模型，例如中空结构等。目前，3D 打印技术已在多个领域得到成功应用，如珠宝、建筑、汽车、航空航天模型、医疗器械、食品、盲人地图等产品的设计与制造，正在悄悄进入人们的生活、改变人们的生活。以下介绍 4 个 3D 打印案例。

1.1.1 案例 1：3D 打印鞋

随着技术的进步，3D 打印已经开始为批量生产鞋提供可行的替代方案。知名公司如耐克（Nike）、阿迪达斯（Adidas）和安德玛（Under Armour）都在探索其潜力。波兰华沙美术学院的两名学生 Zuzanna Gronowicz 和 Barbara Motylinska 研究了如何将 3D 打印用于制造定制环保鞋类。他们设计并制作了一系列可定制的 3D 打印鞋。该鞋由环保材料制成，并可以按照穿戴者的要求进行定制。虽然学生设计的 3D 打印鞋可能不符合每个人的品位，但这项技术使他们能够制造灵活、透气的鞋子，无需胶水或额外的缝纫即可组装。目前，设计师已经上线了 3D 打印鞋子的应用程序，允许用户输入脚部尺寸并选择配色方案和样式，也可以选择直接订购鞋子，为个性化时尚增添色彩，如图 1-1 所示。

1.1.2 案例 2：3D 打印地图

世界各地都有视力障碍的盲人，为了使盲人能够认读知识，专属于盲人的盲文应运而生。2014 年，日本制图管理当局宣布，他们正在开发一种软件，可以让用户从互联网上下载数据，并用 3D 打印机制成供视障人士使用的低成本区域地图。日本地理空间信息局（GSI），隶属于日本土地、基础设施、交通运输和旅游部，与不同区域的专家们一起开发这款软件。据《朝日新闻》报道，这个软件将确保高速公路、人行道或铁路线能够在最终打印出来的产品上

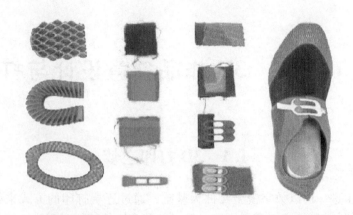

图 1-1　3D 打印鞋子

（图片来源于"3D 造"）

被视障人士很好地区分开来。比如地图中的街道路线，打印出后会高出平面 1mm，用手指很容易就能摸出来（见图 1-2）。参与开发该软件的新潟大学教授 Tetsuya Watanabe 介绍，他们还计划引入地形特征，如不平整表面和山丘等，这些地图可以在出现突发事件，比如地震或海啸时供盲人撤退时使用。GSI 解释说，鉴于 3D 打印机的普及，将在未来根据事先要求提供一些特定地方的地图数据，并且他们也将继续研究提升地图的细节水平，并加上盲文，以方便视障人士使用。

1.1.3　案例 3：3D 打印装饰最美小屋

在纽约的莱茵贝克（Rhinebeck），建筑设计师 Steven Holl 为自己修建了一座小屋，命名为 Ex of In House，所有看过这栋房屋的人都认为这是他们见过最

图 1-2　3D 打印地图软件

（图片来源于"3D 造"）

美的建筑之一（见图 1-3）。小屋面积为 918sq. ft(85. 28m^2)，它的外部形状十分复杂，还有很多倾斜面，里面有 3D 打印的电灯、创意性的窗户形状、多层次开放式的房间和多种类型的木材。整个房屋的设计十分有趣。Holl 表示，如果要建一座奢华而毫无设计感的房屋还不如建一座有趣的小屋。小屋是由 3 个球形交叉组合而成，整个房屋被划分成 3 层，中心是厨房。只是看看图片，就能感受到设计者的才能和这座 3D 打印装饰的房屋的魅力，设计师的实力可见一斑！

1.1.4　案例 4：3D 打印肾脏模型

随着 3D 打印技术的发展，3D 打印模型对于各科的手术的辅助应用也逐渐成为全球各大医院的常规手段。美国山间医学中心就凭借 3D 打印的方法给身患肾癌的女子进行了一台肿瘤切除手术。负责这次手术的是该医学中心的 Jay Bishoff 医生。由于肿瘤隐藏在肾脏之中，因此手术的难度很大，稍不注意就会伤及周围无辜的肾组织，不过 Bishoff 医生表示："这个问题已经被 1∶1 的精细 3D 打印肾脏模型彻底解决了。它让我们提前就看到了肾脏的整个情况以及肿瘤的位置，从而制定出了最佳的手术方案。最后，我们在没有伤到一丝一毫正常肾组织的情况下就将肿瘤成功切除了。"

在这个案例中，3D 打印模型发挥的作用就如同它在其他同类型手术中发挥的作用一样，令医生最大程度地获得了目标的直观信息，从而制定出完美的手术方案。相信随着 3D 打印的进一步普及，这种方法必定会成为全世界所有有条件医院的标配。届时，更多的患者便可摆脱病痛的折磨。

图 1-3　3D 打印装饰美丽小屋

（图片来源于"3D 造"）

1.2　智造创想竞赛计划

1.2.1　智造创想竞赛计划的意义

2016 年 3 月 5 日，李克强总理在十二届全国人大四次会议的政府工作报告中提出："推动产业创新升级，制定实施创新驱动发展战略纲要和意见，出台推动大众创业、万众创新政策措施。"创新、创业、产业升级，对人才的需求提出了新的要求，它要求不仅具有工程实践能力、工程创新能力，还要具有能够创业的新产品设计与开发能力。而创业的新产品，为占领市场，是需要工程专业的高科技与人文艺术相互融合的。因此，产业结构的调整，需要我们培养具有工程科技知识与人文艺术相结合的工程能力强、综合素质高的复合型人才。在学校转型时期，各大学校大力推广文理互通、人文艺术与工程创新融合的通识课程"博雅教育"，正是为了实现这一教育目标。

基于这一点，近年来各个高校特别推出了基于学科专业建设的各类赛课计划。赛课计划的目的是为了提高大学生，特别是工程类专业学生的工程实践和开拓创新能力，培养学生的创新设计、产品开发、自主创业的精神，将科技理论知识与艺术创作、高科技产品开发相融合的实践能力。以下通过 3D 打印创意设计实战案例来说明 3D 打印赛课计划的意义及活动过程。

1.2.2 实战案例："3D 高科技艺术作品设计与制作"智造创想竞赛计划实施

1.2.2.1 第 1 环节：计划说明

"3D 高科技艺术作品设计与制作"智造创想竞赛计划以团队形式报名，3~4 人为一个团队，团队成员自行设计有创意的产品，并利用 3D 打印技术设计、制作具有艺术性的高科技作品。通过报名组队、作品模型设计、3D 打印操作培训、打印作品及后处理、作品寓意阐述、作品公示、作品评审等整个比赛过程，不仅使参赛者掌握了 3D 打印新型材料制备原理，将专业理论知识与实践相结合，并且锻炼了参赛者动手和操作等能力，挖掘了参赛者的艺术细胞，丰富了青年参赛者的学习生活。

该智造创想竞赛计划的创新点是通过竞赛的方式，吸引青年参赛者对课程学习的兴趣，引导参赛者自主学习，既使专业参赛者掌握了新型材料的制备原理，又使参赛者充分利用课外实践进行设计、创新，丰富了参赛者的业余生活，达到锻炼自学能力、图书资料查阅能力、软件绘图、设计、计算能力和社会交际能力等目的，为优秀参赛者脱颖而出创造条件，也为今后职业生涯奠定良好基础。

1.2.2.2 第 2 环节：报名组队

报名宣传：挂网通知时间、地点、内容、活动规则。

报名时间：20××年××月××日~××日。

报名形式：理工科专业均可参加，比赛以团队形式进行，3~4 人为一组，可跨年级、跨专业、跨学院进行组队，参赛学生在规定时间到××实验室提交纸质报名表、电子文档各 1 份。

1.2.2.3 第3环节：3D打印培训

为配合参赛，普及3D打印操作、科技作品设计与制作基本知识，××专业实验室派遣相关专业老师在赛前和制作过程中定期开展制作技术培训、答疑（见图1-4），并已编成《3D打印成型技术原理及制备工艺》讲义，为后续智造创想竞赛提供指导。

图1-4　3D打印报名与培训

1.2.2.4 第4环节：3D打印作品比赛

经过小组创意设计（立意要求：健康、向上）、讨论确定拟打印模型及尺寸后，参赛者至××实训平台进行打印作品（见图1-5），并根据打印作品类型不断优化打印工艺参数（打印模型支撑类型、打印厚度等）。打印结束后参赛选手对作品进行拼接、光滑后处理，并填写实验室使用记录。

图1-5 3D打印作品比赛

1.2.2.5 第5环节：3D打印作品公示

打印结束后，参赛选手进行作品后处理、作品美化及解说牌制作，随后提交作品寓意说明，对比赛作品进行公示，包括具体产品名称、产品寓意以及产品实物展示（见图1-6）。

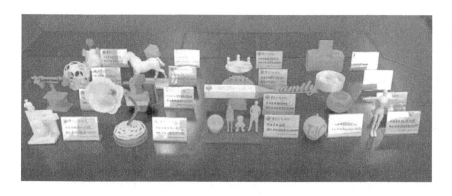

图1-6 3D打印作品展示

1.2.2.6 第6环节：3D打印作品评审

凡参加比赛的团队，必须提交作品、有效的设计图样、创意说明，通过评审合格者，可进行作品评审（见图1-7）。

作品形式要求：作品及设计图样、创意说明；设计图样应清晰（可用电脑设

图 1-7　3D 打印作品评审

计打印或用画图工具手绘），创意说明字数限定为 500~1000 字，用 A4 纸打印，设计图样和创意说明页面应标明参赛者学院班级、姓名、学号、电话、邮箱等信息。××专业教师组成比赛评审小组，针对比赛作品的质量、寓意及效果进行综合评审，产生一等奖 2 名、二等奖 4 名、三等奖 5 名、三等奖 6 名，比赛奖励分别为 600 元、400 元、200 元、100 元（比赛评审标准及获奖名单要进行公示）。

1.3　赛前 10 小时

　　"3D 高科技艺术作品设计与制作"智造创想竞赛计划在活动开展前，除了准备以上 6 个环节外，还需要明确 3D 打印要求以及打印原理。赛前 10 小时要求参赛者必须了解以下几点：

　　（1）3D 打印原理。在三维打印技术中，最常用的是熔融沉积快速成型技术（fused deposition modeling，FDM），又称为熔丝沉积。基本原理是它将丝状的热熔性材料进行加热熔化，通过带有微细喷嘴的挤出机把材料挤出来。喷头可以沿 X 轴的方向进行移动，工作台则沿 Y 轴和 Z 轴方向移动（不同的设备其机械结构的设计可能不一样），熔融的丝材被挤出后随即和前一层材料黏合在一起。一层材料沉积后工作台将按预定的增量下降一个厚度，然后重复以上的步骤直到工件完全成型。聚丙交酯（PLA）是一种生物可分解材料，无毒性，环保，制作时几乎无味，成品形变也较小，所以国内外主流桌面级 3D 打印机均使用 PLA 作为材料。

　　本案例计划以 PLA 为原材料，在熔融温度下靠自身的粘接性逐层堆积成型。在该工艺中，材料连续从喷嘴挤出，沉积在制作面板或前一层已固化的材料上，温度低于固化温度时开始固化，通过材料的受控积聚逐步堆积形成最终成品，如图 1-8 所示。

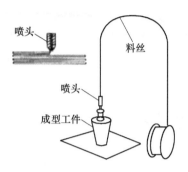

图 1-8　3D 打印技术示意图

（2）3D 打印设备及材料。

设备型号：3D 打印机（××公司出品）、计算机等。

材料确定：聚丙交酯（PLA）。

（3）3D 打印过程：

1）创意设计及打印准备。选择所需零件的计算机三维模型，通用格式为 STL 文件；点击电脑上三维打印软件（Aurora Calvo V1.0），之后点击界面上"Load"键，选择要打印的模型，根据材料要求设置打印参数，其中，外壳厚度不能低于挤出头直径（0.4mm）的 80%，而层高不能高于挤出头直径的 80%，打印速度（print speed）指的是每秒挤出多少毫米的塑料丝。通常的设置下，这个值在 30~40mm 之间就可以了。因为挤出头的加热速度是有限的，因此每秒钟能熔化的塑料丝也是有限的，打印温度设置在 200℃，热床温度为 50℃。

2）预热 PLA、进料。

①打开打印机电源，在打印机控制面板上点击准备，预热 PLA。

②点击打印机控制面板上准备、移动轴、Move 1mm、Move Z 一系列操作，之后将制作平板下降到一定距离。

③将打印原料 PLA 放置在入料口，上耗材时因为进料口正下方区还有一个孔位需插入，防止没对上孔位，需用剪钳斜剪耗材（使之前的变尖），将弯曲部分捋直，一只手大拇指按住进料口旁边的螺丝，另外一只手将耗材垂直插入到底，直到喷嘴吐丝为止。其原理为：热熔性丝材（通常为 ABS 或 PLA 材料）先被缠绕在供料辊上，由步进电机驱动辊子旋转，丝材在主动辊与从动辊的摩擦力作用下向挤出机喷头送出。

④喷嘴吐丝 30s 后，将丝去掉。之后点击控制面板上准备、自动回原点。

3）打印 PLA。点击电脑软件界面上的"Print with USB"和"Print"键，软件界面会显示打印所需原料和时间。打印结束后得到一个 PLA 三维物理实体，先设置平板下降一定高度（方法如第 2）步），小心取出模型，同时用力压一下原料口，使已经熔融的未打印 PLA 吐出，避免发生再次使用设备进料口堵塞现象。之后关闭电脑和打印机电源。用砂纸打磨台阶效应比较明显处。如需要可进行原型表面上抛光。

1.4　创意打印的乐趣——梦想放飞

通过此次智造创想竞赛计划，参赛者受益显著，具体体现在以下几个方面：

（1）针对材料专业学生，通过"以赛代课"这种新颖的形式使他们掌握了 3D 打印这种新型材料制备工艺的原理及具体操作步骤，将课本的专业理论知识与实践相结合，引起学生自主学习的积极性，教学效果良好。

（2）此次智造创想竞赛计划充分调动了学生学习的主观能动性，让学生主动参与到作品模型设计、作品打印及后续寓意阐述等过程，锻炼了学生的创新能力、动手实践能力，本赛课计划中参赛学生从专业、生活等各个角度进行作品设计，获得评审教师好评。

（3）此次智造创想竞赛计划充分挖掘了学生解决问题的能力，如比赛过程中 3D 打印因为长时间高温喷头堵塞，参赛学生从该设备的内部构造——进行故障排除，最终解决问题；另有因打印模型支撑点问题导致打印效果不佳，学生们积极尝试改变打印工艺参数、不断改变作品图样等方式解决问题，在整个过程中学生们受益颇多。

（4）此次智造创想竞赛计划锻炼了参赛学生的团队合作能力，整个比赛过程以团队形式进行，每人分工，使学生了解团队合作的重要性，为以后步入社会提供条件。

部分参赛者 3D 打印创意作品展示如下。

创意作品 1：

作品名称：Global BIC

作品创意说明：该 3D 打印作品是一个球体，配以 BIC 三个字符镂空，正面为 2015（见图 1-9）。首先英文字母"BIC"是 Biomedical International Class 的缩写，所表示的是：学生所在的班级为国际化的生物医学工程实验班，所突出的是国际化，全球化。其次 2015 是代表该班学生在 2015 年成为了 BIC 的一员。而选择的球体一是代表 BIC 力争成为全球化、国际化的人才，二是代表学生们应该努力奋斗、艰苦学习、力争完美。总体寓意为 2015 级 BIC 应该德智体美劳全面发展，将BIC打造成为一个具有全球视野、专业素养、全面发展的国际化班级。

图1-9　3D打印Global BIC创意作品

创意作品2：

作品名称：玫瑰小夜灯

作品创意说明：玫瑰夜灯（见图1-10），玫瑰象征着爱情的浪漫，灯给人以探索的勇气。黄玫瑰代表着纯真的友情和美好珍重的祝福。大学四年的日子如流水匆匆流去，就像这朵黄色的玫瑰，有爱情的香气，有友情的温暖，有离别的祝福，也有我们对知识的探求。时间太匆匆，会让所有褪色，但真情就像这盏灯，瞬间点亮永恒。

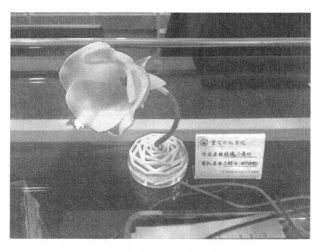

图1-10　3D打印玫瑰小夜灯创意作品

创意作品 3：

作品名称：榫卯结构——鲁班锁

作品创意说明：榫卯结构—— 一件凝聚了中国古人智慧与心血的艺术品（见图 1-11）。随着科技的进步、时代的发展，我国传统工艺技术依然在熠熠生辉！该作品创意旨在年轻学子应该多挖掘、提炼、体验我国传统文化的精髓，在今后的学习生活中求索、成长、进步！

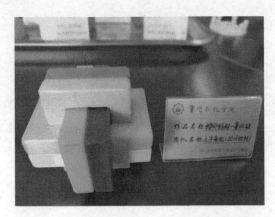

图 1-11　3D 打印榫卯结构——鲁班锁创意作品

第 2 模块　微流控芯片设计与应用开发

2.1　21 世纪颠覆性技术——微流控芯片技术

现代科技文明发展的主旋律之一是微型化和集成化。如手机越来越小，但功能越来越多；电脑 CPU 线宽越来越窄，但信息处理能力越来越强。这些以微型或集成为基本特征的科技成果已经成为现代科技文明不可或缺的组成部分，对人类整体文明的发展进程产生影响。那么人们就设想：有没有可能将疾病诊断设备，甚至整个医院的检测系统都微缩并集成到一个便携式的装置内；有没有可能能够随身携带一个手机大小的装置随时监测饮用水、蔬菜瓜果的农药残留物、环境污染等指标是否超标？如果能实现，我们就能随时诊断病情，生活质量将大大提高。

微流控芯片（microfluidics）技术的出现，将使人们的美好的愿望成为现实！

微流控芯片又称"芯片实验室"，是将样品制备、试剂输送、生化反应、结果检测、信息处理和传递等一系列复杂工作过程集约化形成的微型制备、分析系统，构建在一块几平方厘米芯片上的生化实验室。在微泵、微阀等元件的控制下，整个制备、分析进程将受到精确控制。由于它在疾病诊断、药物筛选、环境监测、食品安全、司法鉴定等许多方面显示出巨大的发展潜能，已经发展成为一个生物、化学、医学、流体、电子、材料、机械等学科交叉的崭新研究领域，被称为 21 世纪颠覆性技术。

2015 年，微流控芯片的市场规模约为 28 亿美金，到 2018 年市场规模为 58 亿美金，每年复合增长率超过 27%。2012 年开始，该技术已经有一定的积累并开始走向成熟，微流控技术逐渐向个性化医疗发展，进入产品的成型期。目前，微流控的最大的产业化场景还是在于体外诊断（IVD）。体外诊断主要是基于体液（血液、尿液、唾液）的检测，对于这些体液的自动化操控，正是微流控能解决的问题。因此，IVD 里除去试剂的研发，后续的如果要做自动化检测，除了高通量的机械臂手流水线，基本避不开微流控技术。近年来，国内的微流控公司已如雨后春笋迅速发展起来，比如天津的微纳芯科技、杭州霆科生物、微点生物、华迈兴微、百康芯、卡优迪生物、优思达生物、博晖创新、博奥、理邦仪器、绍兴普施康等，国外的三星也开始推出基于微流控的产品。

IVD 医疗器械在国内市场空间特别大主要有如下几个原因：

（1）国内医疗体系中医疗器械与医药消费比还远远低于美国这样的医疗体系相对成熟的国家。而诊断类医疗器械在整个医疗中重要性不言而喻，它几乎决定着后续的所有治疗方案和用药。中国诊断类医疗器械这一块潜力很大，有巨大增长空间。

（2）中国人口的老龄化。中国过去几十年的高速发展离不开 20 世纪 50~60 年代生育高峰带来的人口红利。但是，再过十几二十年，人口红利将变成老年化的人口负担。计划生育这么多年，到那时青壮年相对较少，届时智能化的诊断检测类的医疗器械需求会大大增加。

（3）现在都在说互联网医疗，那么真正的互联网医疗最应该解决的问题就是智能化医疗检测终端问题，这里就需要床边（即时）检测（point of care testing，POCT）的诊断检测类的医疗器械。

（4）我国人民将进入小康社会，温饱解决了要关心生活质量，医疗健康成为首要关注的问题，同时国家财政也在逐步增加医疗保健的支出。

（5）在我国，分级诊疗制度也会逐步实施，而分级诊疗制度推行以后，将给 POCT 带来很大发展机遇。在社区卫生服务站或中心，POCT 将会由冷变热，常见病、多发病、慢性病的 POCT 数量将明显增加。

而且，互联网+POCT+移动医疗在家庭和个体化健康管理、疾病预防控制、慢病管理等方面也会有井喷式的发展机遇。现在市场已初步做到了监测心跳、行走步数、血压等，如果在此基础上可以做到唾液和尿液（尿液里的医疗信息相对较大，而且无创，病人配合度高），这些数据再与互联网目前大火的大数据结合，将大大推进人类医疗健康系统的发展。智能检测或诊断的医疗器械终端（家用）和互联网目前最火的大数据的结合未来必然是个大热点，毕竟没有终端，就没有数据。

2.2　来自 POCT 的呼唤

POCT 作为体外诊断行业（IVD）的一个重要细分领域，它是指在病人旁边进行的快速诊断，可在采样现场即时进行分析，省去了复杂的样本处理程序，是快速得到检验结果的一类检测方法，在空间上可理解为"床旁检验"，时间上可理解为"即时检验"。

POCT 起源于 1995 年，在美国加州召开的美国临床化学年会（AACC）展览中，开辟出一个专门的 POCT 展区，同年美国临床实验室标准化委员会（NCCLS）发表了 AST2-P 文件即床边体外诊断检验指南，提出了 POCT 的概念，并对 POCT 进行了规范。POCT 概念及技术在 2004 年首次引入中国，2006 年由上海科学技术出版社出版的中国首部 POCT 专著《即时检验》在中国检验行业引起了较大反响，中华医学会检验分会为了促进 POCT 在中国的普及和发展，自 2006 年起举办了多届 POCT 高峰论坛，从此 POCT 在中国如雨后春笋般生根发芽。2013 年 10 月国家标准化管理委员会发布了《即时检测 质量和能力的要求》（GB/T 29790—2013）国家标准，将 POCT 命名为"即时检测"，同时对 POCT 产品的质量保证能力提出了明确要求，该标准于 2014 年 2 月 1 日正式实施。

就应用场合来说，POCT 在医学检验领域可划分为医院内和医院外两部分，其中医院内包括 ICU、急诊化验室、病房、分科门诊等，医院外包括救护车、医师诊所、家庭等，此外，POCT 应用范围还包括自然灾害救助、毒品检测、军事领域、反恐怖袭击等领域。就检测项目来分，POCT 主要集中在血糖检测、血气和电解质分析、快速血凝检测、心脏标志物快速诊断、药物滥用筛检、尿液分析、怀孕测试、粪便潜血血液分析、食品病原体筛查、血红蛋白检测、传染病检测、肿瘤标记物、毒品/酒精等检测。相比于专业的实验室诊断，POCT 仅保留了最为核心的"样本采集—样本分析—质量控制—得出有效结果—解释报告"步骤，从而大幅度缩短了诊断时间。

以心衰或者心梗诊断为例，POCT 检测可在 15min 内得到 BNP、Myo、cTn-I 等多项心脏标志物的结果，而传统检验科检测需 1~2h。发病早期关键临床指标的确证对患者经济有效的治疗是极为关键的，而 POCT 的优势能够满足这一需要。同时，POCT 在样本用量、样本种类、试剂便利性、操作者要求等方面都具有巨大优势。以 Abbott 公司经典产品 i-STAT 为例，仅需 65~95μL 全血即可在 2min 内完成血气、电解质、心脏标志物、血生化等重要指标的检测。极低的样本用量使得 POCT 在儿科等领域具有巨大优势，且血液无需使用抗凝剂处理，避免了对检测结果的影响。

根据 Rncos 的报道和预测：2016 年，全球 POCT 市场规模约为 200 亿美元，2018 年将达到 240 亿美元，近年年均复合增长率约为 8%。从全球市场地域来看，美国地区市场规模占比高达 47%，是最大的 POCT 消费区域，欧盟市场规模达占比为 30%，成为第二大 POCT 消费区域，在印度、中国、巴西等发展中国家，POCT 市场基数较低，但增长速度较快，是全球市场规模扩大的主要动力。我国 POCT 市场起步较晚，目前市场规模较小，但是拥有全球最快的增长率，市场潜力巨大。根据 Rncos 发布的 POCT 市场报告，我国 2018 年市场规模将达到 14.3 亿美元，我国 POCT 市场预计在近几年将保持 20% 以上的年复合增长率。

POCT 作为最近几年兴起的体外诊断技术正在越来越受到医疗系统和广大患者的重视，作为传统体外诊断的有力补充，它正占据着越来越多的市场份额。此外，在大数据、云计算、物联网等"互联网+"的时代背景下，面对移动医疗、精准医疗、智慧医疗的快速发展，以 iPOCT（智慧 POCT）为核心的大 POCT 平台也将会为广大患者带来福音。相信，在不久的将来，随着技术的提高和成本的降低，POCT 凭借其应用的便捷和快速必将成为健康生活不可或缺的一部分，它将是未来帮助医疗机构和医生必不可少的"重磅武器"。

POCT 主流有三大类：生化分析，免疫诊断，分子诊断。在生化分析方面，随着分级诊断的普及，基层社区医院为节约设备成本，会更倾向于小而易用的基于微流控的生化分析仪。基层社区医院所需检测的样本量不多，所以与单位时间的检测通量相比，更在乎的是生化分析仪的价格和易操作性。这个时候，低成本易于操作且能快速出结果的微流控自动生化分析仪的优势就凸显了出来。在这一块，技术相对成熟的产品有天津的微纳芯 Pointcare M 和美国爱贝斯（Abaxis）Piccolo Xpress™ 即时生化检测仪。

在免疫诊断方面，2014 年 11 月 12 日在德国的杜塞尔多夫的"国际医院及医疗设备用品展览会"（MEDICA 2014）上，理邦仪器第一款专用于心脏和肿瘤标志物检测的磁敏免疫分析仪——m16 闪耀登场。m16 采用高灵敏度磁敏传感器技术，利用先进的生化靶标绑定方法将纳米级磁颗粒与待测蛋白抗体相结合，通过自主研发的磁敏传感器快速扫描磁颗粒数量，实现精准定量检测。相比传统的化学发光检测手段具有更高的精度、更好的重复性以及更快的检测速度，可对心脏病、急性传染病、恶性肿瘤等多种疾病进行早期可靠诊断，如图 2-1 所示。由于化学发光（CLIA）的灵敏度高、速度快、重复性好且能全自动化，因此化学发光只要成本降下来，那么它取代酶联免疫吸附测定（ELISA）也会成为一个事实。在 2017 年 5 月 15~18 日的"中国国际医疗器械博览会"（CMEF）上，华迈兴微的基于微流控的 M2 微型化学发光分析系统只有 5kg，而且从加样后到全自动的打印报告，只要 15min，这款产品充分地体现了微流控的技术优势，如图 2-2 所示。另外，北京纳讯科技也同样发布了一款基于微流控技术的化学发光仪器。

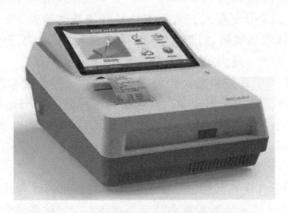

图 2-1　理邦仪器 m16 磁敏免疫分析仪

图 2-2   华迈兴微 M2 微型化学发光分析系统

基于生化与免疫诊断存在的检测目标水平低时，会出现误诊的问题，更可靠、更精准的就是基于 DNA 的分子诊断。目前，血站的检测方法正逐步由 ELISA 过渡到 PCR 分子诊断。但是，也有分子诊断替代不了的应用场景，比如过敏、心肌炎标志物、甲状腺功能以及肿瘤标志物等。POCT 分子诊断门槛较高，高通量的自动化可以依靠机械臂手流水线作业，低通量的或者 POCT 的还得需要微流控。在全自动分子诊断，做得较好的有赛沛（Cepheid）的 GeneXpert PCR 分析仪，BioFire 的 FilmArray，IQuum 的 cobas Liat PCR System 以及 Atlas Genetics 的 io。我国博晖创新研发的 HPV 分子诊断全自动分析系统，其 HPV 检测盒采用气压推动式微流控，为一款全自动化的全集成的基于微流控的分子诊断平台，如图 2-3 所示。这一平台又称"微流控核酸检测系统"，它是博晖创新毕九年之功研制出的爆款产品，平台操作简单、方便快捷，检测过程实现了全自动化，且 4h 就能拿到检测结果，成为行业领域的一项重大技术突破。

体外诊断 POCT 的自动化必然是一个趋势。除去体外诊断这一块，传统的人体体液（血液、唾液、尿液等）的生化分析、抗生素滥用导致的超级细菌问题、ICU 细菌感染的高发问题以及制药等领域，微流控都将大有所为，如罗氏开发的家用流感分子微流控诊断仪，如图 2-4 所示。它可以做成一个简单的智能医疗设备，也可以为一些难题提供一套好的解决方案，特别是制药方面。最近的基于微流控的器官芯片技术，也会大大推进制药和个性化医疗的进程。香奈儿（CHANEL）还开发了一款基于液滴微流控技术的山茶花保湿乳霜，如图 2-5 所示。

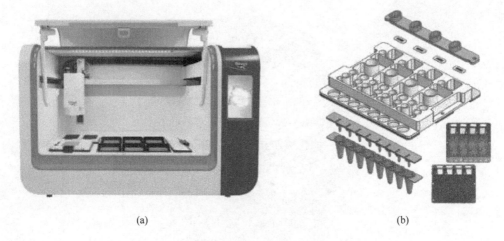

(a)　　　　　　　　　　　　　　　　　(b)

图 2-3　博晖创新的 HPV 分子诊断全自动分析仪

（a）EncompassMDx 芯片控制仪；（b）一次性芯片

图 2-4　罗氏的分子诊断（家用的流感的诊断）的产品

图 2-5　香奈儿（CHANEL）的基于液滴
病毒微流控技术的山茶花保湿乳霜
（HYDRA BEAUTY Micro Crème）

2.3 实战项目——麻醉剂的风险控制

麻醉（anesthesia）一词源于希腊语"an"及"aesthesis"，表示"知觉、感觉丧失"。感觉丧失可以是局部性的，即体现在身体的某个部位；也可以是全身性的，即体现为病人全身知觉丧失，无意识。从医学角度来讲，麻醉的含义是通过药物或其他方法使病人整体或局部暂时失去感觉，以达到无痛的目的，为手术治疗或者其他医疗检查治疗提供条件。麻醉主要包括全身麻醉、局部麻醉和复合麻醉。又根据麻醉药进入人体的途径分为吸入麻醉、静脉麻醉和基础麻醉。基础麻醉是将某些全身麻醉药（常用的有硫喷妥钠、氯胺酮）肌肉注射，使病人进入睡眠状态，然后施行麻醉手术。局部麻醉为利用局部麻醉药如普鲁卡因、利多卡因等，使身体的某一部位暂时失去感觉。常用的方法包括椎管内麻醉（阻滞）、神经阻滞、区域阻滞、局部浸润麻醉和表面麻醉等。椎管内麻醉是将局部麻醉药通过脊椎穿刺、注入椎管内，其中注入蛛网膜下腔的称为蛛网膜下腔阻滞或腰麻，注入硬脊膜外腔的称为硬脊膜外腔阻滞。神经阻滞是将局部麻醉药注射到身体某神经干（丛）处，使其支配的区域产生痛觉传导阻滞，常用的神经阻滞有颈神经丛阻滞、臂神经丛阻滞。区域阻滞则是将局部麻醉药注射于手术部位的周围，使手术区域的神经末梢阻滞而达到麻醉的目的。局部浸润麻醉是直接将局部麻醉药注射至手术部位，并均匀地分布到整个手术区的各层组织内，以阻滞疼痛的传导，是临床小手术常用的麻醉方法。表面麻醉为将渗透性强的局部麻醉药如丁卡因等，喷雾或涂敷于黏膜、结膜等表面以产生麻醉作用。

医学界有句话为："外科医生治病，麻醉科医生保命。"这句话充分说明了麻醉的重要性，又道出了麻醉的风险性，在麻醉过程中时刻都有可能发生威胁患者生命安危的突发事件。目前，由于手术患者高龄化、手术患者全身综合疾病以及接受手术的复杂化导致围麻醉期的突发事件发生概率逐渐增高，常伴有严重后遗症且死亡率高的特点。

依照传统的看法：麻醉的风险主要来源于麻醉药物剂量、浓度和麻醉医生的操作。但临床事实却恰恰相反，在实际的手术麻醉过程中，这两种因素所引起的麻醉风险并不多，最大的麻醉风险往往来源于病人术前的身体状况。所谓身体状况，其一是病人自身的体质。如果病人属于特异性体质，那么此类病人对某种麻醉药品就可能会有特异性反应，现有的医学手段尚无法及早、有效地预测。例如，极少数人由于遗传的原因，肌肉中的某种特殊分子结构异常，在某些麻醉药物诱导、促发下，会导致恶性高热而死亡。其二是病人术前的身体状况。术前病人的病情程度，尤其是夹杂的心、脑、肺、肝、肾疾病的情况，将增加麻醉处理的难度，麻醉的风险与此密切相关。例如，病人术前患有心脏病，心脏功能已经不好，而麻醉药物恰恰又会对人体的心脏产生抑制作用，那就等于给病人的心脏"雪上加霜"，手术中病人就很容易出现心脏衰竭、心脏停跳等危险现象。因此，麻醉医师对病人，尤其是择期手术病人术前的血压、血糖、心脏功能、肺功能等各项指标都非常重视，这些指标必须符合麻醉要求才能手术，为的就是降低麻醉的风险。那么如何降低手术室护理的风险性、改善护理质量、提高患者满意度，发明高效便捷的麻醉剂风险个性化评估手段及仪器成为急迫任务。

2.3.1　实战案例 1：一种检测麻醉剂对人凝血功能影响的纸基微流控芯片

2.3.1.1　环节 1：调研背景

近年来，区域麻醉，尤其是周围神经阻滞麻醉在临床应用上发展很快。同时，随着心脑血管疾病发病率的升高，平时服用抗凝药物预防血栓的患者也越来越多，其造成的凝血异常增加了区域麻醉的风险。

凝血功能正常的患者，区域麻醉导致严重并发症的概率很低。但对于使用抗凝药的患者，区域麻醉导致血肿的风险有所增加。一旦发生椎管内血肿或深部血肿，可能造成严重的不良后果。如截瘫、神经损伤、大量失血、压迫气管等。

微流体技术已被用于小型化分析系统，以减少样品量和分析时间，并增加程序的多功能性。其中，纸质微流控芯片是微流控分析系统的一种，与普通意义上的微流控芯片相比，它成本低、制备简便、无需复杂外围设备，能够进行真正意义上一次性、价格低廉、便携式的分析。已经越来越受到关注，被普遍视为未来现场实时诊断发展趋势之一。

纸芯片微流控（paper based microfluidics）简称纸芯片，是微流控芯片中的最新发展领域。纸芯片是以纸代替传统的石英、玻璃、硅、高聚物等材料，在纸的表面加工出具有一定结构的微流体通道的微型分析器件，结合了微流控技术和纸的优点。与传统的微流控芯片相比，纸芯片具有以下优势：

（1）纸来源丰富，可进行批量生产；

（2）不需要外接泵，纸的主要成分是纤维素，流体在纸上通过毛细作用流动；

（3）试样消耗量更低；

（4）检测背景低，有利于光度法检测；

（5）生物兼容性好，可通过化学修饰改变纸的性质；

（6）一次性便携式分析，操作简便，甚至不需要专业的操作人员。

纸芯片为临床诊断、环境监控以及食品安全分析中需要的便携式检测和现场实时监测提供了一个广阔的平台。此外，对于医护人员和医疗设备紧缺的欠发达地区，纸芯片是低成本、检测迅速的即时诊断 POCT 的有力工具。

在该项目实战训练中，将利用纸基微流控芯片技术体外分析麻醉剂对人凝血功能的影响，进而分析麻醉剂是否对患者的凝血功能造成障碍。为了降低护理成本并允许更频繁的测量，该项目对于可直接由患者或其护理人员使用的即时检测POCT 和自我监测测试设备的开发具有强大的推动力。

2.3.1.2 环节2：设计原理

通过 Washburn 方程描述液体芯吸的动力学过程为：

$$L^2 = \frac{\gamma Dt}{4\eta}$$

式中 L——行进距离；

γ——表面张力；

D——有效孔径；

t——行程时间；

η——黏度。

Washburn 方程能较好地描述液体水平传导时传导距离与传导时间的关系。

向血样中滴加 $CaCl_2$ 溶液，随着 Ca^{2+} 离子浓度的增加，所产生的凝血过程的增强增加了血液样品中血浆和红细胞成分的有效黏度。样品的测量行程距离随时间的斜率减小与 Washburn 方程的时间导数有关，该方程与表面张力与黏度的比例成正比。对比的标准样是葡聚糖的实验组。全血比黏度：男性：3.43~5.07，女性：3.01~4.29，它是血流变的一个指标，反应血液中有形成分的浓度。根据不同性别的黏度范围通过上述方程划定两条标准线范围，在标准线范围之内的即为黏度正常，也就是凝血功能正常。

2.3.1.3 环节3：芯片设计

按照文献研究后的试验检测原理，设计纸基芯片，如图 2-6~图 2-8 所示。图 2-6 所示为设计的芯片结构示意图。图 2-7 所示为芯片设计俯视图。图 2-8 所示为一种检测麻醉剂对人凝血功能影响的纸基微流控芯片的整体设计示意图。

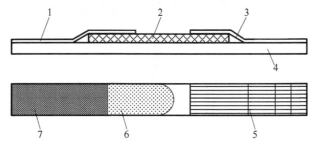

图 2-6 纸基微流控芯片结构示意图

1—样品垫（玻璃纤维膜高孔隙率（93%））；

2—硝化纤维膜（硝酸纤维素膜的孔径范围为 3~20μm）；

3—毛细管垫；4—塑料支撑板；5—血液流动距离刻度；6—血浆；7—全血

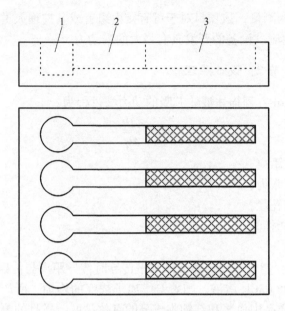

图 2-7　微流控纸芯片设计俯视图
1—进样孔；2—血液通道（疏水）；
3—硝化纤维膜（硝酸纤维素膜的孔径范围为 3~20μm）

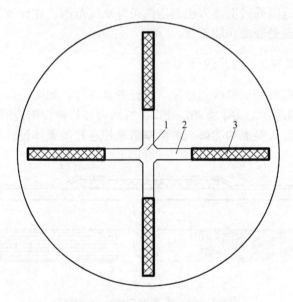

图 2-8　纸基微流控芯片整体设计图
1—进样孔；2—血液通道（疏水）；
3—硝化纤维膜（硝酸纤维素膜的孔径范围为 3~20μm）

2.3.1.4 环节4：实验

A 实验材料

新鲜兔全血（用作人全血的替代物）、柠檬酸三钠溶液（50～500mmol/L；50mmol/L增量）、碳酸利多卡因水溶液（1.4%、1.6%、1.8%）、0.9%的NaCl溶液、葡聚糖水溶液（做对比实验）、Millipore HF075硝酸纤维素膜（HF075膜的水流速为0.5mm/s，在制造商指定的范围内：每4cm（0.43～0.71mm/s）75s±19s、样品垫（Millipore G041玻璃纤维膜）、CaCl$_2$溶液。

硝酸纤维素膜的孔径范围为3～20μm，虽然红细胞的直径通常在6～8μm范围内，但它们是高度可变形的，并且已知可通过具有孔隙的膜直径小到2.5～3μm。

B 样品制备

实验中，将160μL柠檬酸处理过的兔全血添加到5μL0.9%NaCl溶液中，接着添加15μL碳酸利多卡因水溶液（溶液浓度分别为1.4%、1.6%、1.8%）。

对于不添加麻醉剂的对照实验，使用15μL0.9%NaCl溶液作为碳酸利多卡因水溶液的替代物。

所有溶液都预先加热到39℃制成每份血样后，将其在39℃水浴中再孵育2min以通过提供与人体相似的环境启动凝血过程。

在水浴后立即将总体样品的100μL体积注入入口中。

每次实验组加入等量CaCl$_2$溶液，目的是：凝血时间测量从将凝血剂（CaCl$_2$溶液）加入血浆的时刻开始。

C 实验方法

0.9%NaCl水溶液被用于血液样品稀释。葡聚糖水溶液（对照组）各个浓度碳酸利多卡因水溶液加入柠檬酸盐中人全血作为凝血剂来模拟新鲜人类全血液作为对比麻醉剂对兔血的影响。

实验发生过程：

（1）滴加血样到样品垫。血液样本浸泡样品垫并流入硝化纤维分析膜。当全血流过膜时，血红细胞从血浆中分离出来，血浆部分移动比血红细胞更快。

在典型的4min长的实验中，血浆在红细胞运输的早期阶段到达吸湿垫，润湿整个膜并在测量过程中提供连续的毛细驱动力。

（2）观察血红细胞移动距离。通过血红细胞移动距离可以得知不同浓度碳酸利多卡因对凝血功能的影响。根据不同性别的黏度范围通过$L^2 = \gamma Dt/(4\eta)$方程划定两条标准线范围，在标准线范围之内的即为黏度正常，也就是凝血功能正常。

　　设计方案针对凝血功能的检测有三个研究方向：利用微流控芯片监测麻醉剂对神经细胞内 Ca^{2+} 离子浓度的影响、利用纸基微流控芯片技术检测麻醉剂对人凝血功能影响、利用微流控芯片检测麻醉剂对人凝血功能影响。

2.3.2　实战案例 2：一种通过检测凝血四项反应凝血功能的 PDMS 芯片

2.3.2.1　环节 1：调研背景

　　凝血四项属于检验科临检检查项目之一，归属于血栓性疾病检查，为手术前必查项目、血栓前检查项目及监控临床口服抗凝药物患者。患者做手术前，医生总会要求患者取血做凝血 4 项检查，凝血四项包括凝血酶原时间（PT）、活化部分凝血活酶时间（APTT）、凝血酶时间（TT）、纤维蛋白原（FIB）。人体的止血功能十分重要，当人意外受伤流血时，止血功能迅速发挥作用，使血液凝固堵住伤口而止血，避免血液大量丢失。通过对凝血仪的调查研究，我们发现凝血仪中存在着一些问题：

　　（1）手工和半自动测量仪器的测量一部分是手工操作，人工配置试剂，过程复杂，操作烦琐，精度不高，随机误差大，工作效率不高。另一部分自动仪器的测量方法（比如磁珠法）和以前的比浊法相比，其抗干扰能力不是很强，测量精度不是很高，灵敏度也不是很高。

　　（2）测量仪器的测量结果不能标准化且可比性差。

　　（3）当前使用比浊法原理测量的仪器，多数抗干扰能力不足或者抗干扰能力与其价格很不相匹配。

　　（4）现在的测量仪器大部分都使用单色光源，不能满足不同检测项目需要不同波长光源的要求，因此它们所能测试项目比较少，不能满足医院多方面的要求。

　　（5）反应容器没有加入搅拌，试剂混合不均匀，因而测量结果也较不准确。

　　（6）当前使用的软件开发系统复杂难懂，数据的存储量很少，同时由于软件固化在硬件仪器中，因此仪器的功能不易修改，升级非常烦琐。

　　该实战设计方案针对凝血功能的检测，利用微流控芯片检测麻醉剂对人凝血功能影响。

2.3.2.2　环节 2：了解微流控芯片光刻制作原理

　　该项目拟选用光刻 PDMS 微流控芯片工艺。光刻（photolithography）工艺是 PDMS 微流控芯片制造工艺中的一个重要步骤，该步骤利用曝光和显影在光刻胶层上刻画几何图形结构，然后通过刻蚀工艺将光掩模上的图形转移到所在衬底上。光刻工艺就是利用光敏的抗蚀涂层发生光化学反应，结合腐蚀方法在各种薄膜或硅上制备出合乎要求的图形，以实现制作各种 PDMS 微流控芯片的目的。

光刻中最重要的三要素为：光刻胶、掩膜版和光刻机。

光刻胶，又称为光致抗蚀剂，它是由光敏化合物、基体树脂和有机溶剂等混合而成的胶状液体。光刻胶受到特定波长光线的作用后，导致其化学结构发生变化，使光刻胶在某种特定溶液中的溶解特性改变。

光刻掩膜版（又称光罩，英文为 mask reticle），简称掩膜版，是微纳加工技术常用的光刻工艺所使用的图形母版。由不透明的遮光薄膜在透明基板上形成掩膜图形结构，再通过曝光过程将图形信息转移到产品基片上。待加工的掩膜版由玻璃/石英基片、铬层和光刻胶层构成。其图形结构可通过制版工艺加工获得，常用加工设备为直写式光刻设备，如激光直写光刻机、电子束光刻机等。

光刻机（mask aligner）又名掩模对准曝光机、曝光系统、光刻系统等。常用的光刻机是掩膜对准光刻，所以也称为 mask alignment system。该项目将利用由中国科学院光电技术研究所研制的 URE2000/35 型紫外光刻机进行凝血功能检测的麻醉风险控制芯片制作。

2.3.2.3 环节 3：确定光刻微流控芯片制作步骤

（1）准备工作：

1）硅片准备：检测是否干净，如不干净用 3 份浓硫酸+1 份双氧水浸 10min，然后用洁净水冲洗，吹干，待用；

2）光刻胶准备：用棕色带盖玻璃瓶（100mL）分装、密封保存；

3）光刻胶使用：每英寸（1in=2.54cm）的硅片需加 1mL 的光刻胶。

（2）甩胶台甩胶（不可开启净化台白灯）：

1）按"power"开启，把硅片放置在甩胶台上，倒光刻胶；

2）按"vacuum"（吸真空），此步必须盖盖子；

3）按"control"，然后按"start"旋转；

4）调整"speedA"的速度在 500r/min，保持"timerA"5~10s；然后调整"speedB"速度为 2500r/min，保持"timerB"30s；"speedB"转速的选择根据光刻厚度而定，具体依据 SU-8 2000-protocol 中"figure1"图表进行调整。用刀片将旋转好的硅片边缘部分进行修边。

（3）烘胶：

1）将烘胶台设定为 65℃，保持 1~3min；

2）将烘胶台设定为 95℃，保持 5~6min；

3）自然冷却至室温。

（4）光刻曝光（在曝光之前，防止拍照曝光，影响图案）。用曝光计进行曝光功率测定，依据 SU-8 2000-protocol 中 "table3"，根据厚度定曝光强度，并根据以下公式计算曝光时间：

$$（曝光强度×140\%）/曝光功率＝曝光时间$$

（5）掩膜准备：

1）用墨水标记选定的正面，将要光刻的部分放在中间；

2）打上真空、曝光、掩膜按钮（按光刻机操作步骤进行）；

3）曝光完成后，再进行烘干，烘干时间与温度确定见 SU-8 2000-protocol 中 "table5"，然后自然冷却至室温。

（6）显影：

1）显影时间（显影液用洗瓶装）与厚度的确定见 SU-8 2000-protocol 中的 "table6"，浸泡显影时必需正面朝上，不可倒放（此时黑色部分会被选择，白色部分会被留下）；

2）终止显影，用纯的异戊醇（用洗瓶装）进行终止，用异戊醇双面洗洁，然后用洁净水进行淋洗，烘干或吹干，再用 150℃烘 20min；

3）放置于培养皿中，待硅烷化用。

（7）硅烷化：

1）准备真空干燥装置，将上述装有显影好的硅片连同培养皿放置于真空干燥装置中（盖子揭开），并把硅烷化的硅烷放在 200μL 的小玻璃管中（盖揭开），用密封胶密封真空干燥皿边缘，抽真空 30min，然后挥发 2h。

2）硅烷化结束，取出装有显影硅片的玻璃（塑料）皿（盖好盖子），准备下一步翻模，并将装硅烷化的硅烷小瓶加盖保存，可以再利用。

（8）翻模：

1）PDMS 混合：按 A∶B 质量比为 10∶1（PDMS），将 AB 混合，用玻璃棒搅拌均匀，也用真空泵抽取空气，直至均匀无气泡；

2）将上述 PDMS 倒入上面硅烷化的模上，在室温下放置 20min 左右，直至无气泡；

3）烘干：设定烘箱温度为 70℃进行烘干，此过程中应将盖子盖好，时长约为 2h；

4）切 PDMS：用单面刀片整齐切下模板上面对应的有图案的 PDMS 印章，如果需要清洗，就用无菌水装于气瓶中冲洗；

5）做芯片时，需要将 PDMS 放置在玻璃片上，可以在 PDMS 底层涂上一薄层 PDMS 直接粘贴于玻片上，但要求玻片要非常干净。

2.3.2.4　环节 4：设计原理

透射比浊法：即根据待检样品在凝固过程中吸光度的变化来确定凝固终点的

检测方法。透射比浊法的原理同散射比浊法的原理基本相似。来自光源的光经平行光管后变成平行光，此平行光透过待检样品后照射到一光电传感器上变成电信号，经过放大再被传送到一个监测器上进行处理。

血浆分离原理：当流体在弯形通道中流动时，情况比直线形通道中的更复杂，呈抛物线流动的流体，在通道中间速度最大。在经过通道转弯处时，通道中间流体受到的离心力最大，从而流向通道外侧边缘。靠近通道壁的流体流速最小，所受离心力也最小，从而受到中间流体的挤压。为了保持流体中各处质量守恒，在垂直于流体流动的方向上，形成一对反向旋转且对称的涡流，分别位于通道横截面的上部和下部，由此产生一种被称做迪恩涡流的二次流，迪恩涡流会对流体中的颗粒产生曳力作用，被称为迪恩曳力。因此在弯形通道中，流动的颗粒会同时受到惯性升力 F_L 和迪恩曳力 F_D 的作用，这两种力的相对大小决定颗粒在弯形通道中流动的流动情况。

2.3.2.5 环节5：芯片设计

为实现快速、高通量的麻醉前患者凝血检测分析，在传统检测方法基础上，设计并制作了一种通过检测凝血四项反应凝血功能的麻醉风险控制芯片（见图2-9）。利用光刻技术加工芯片母板，再通过 PDMS 复制得到所需芯片。芯片包括四条主通道，分别同时检测凝血4项指标。与利用玻璃试管的传统凝血检测方法相比，基于微流控芯片凝血检测方法高通量、快速、试剂耗费少、成本低，而且，凝血芯片的检测装置可以小型化、便于携带，有利于临床推广。

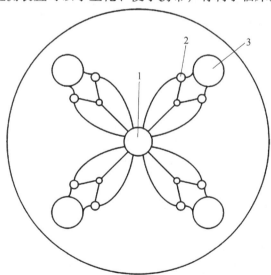

图2-9 检测凝血四项反应凝血功能的 PDMS 芯片整体设计图

1—试剂孔；2—进样孔；3—比色孔

设计的检测凝血四项反应凝血功能的 PDMS 芯片，系统检测主要为凝血四项检测，包括凝血酶原时间（PT）、活化部分凝血活酶时间（APTT）、纤维蛋白原（FIB）、凝血酶时间（TT）等的检测。这些检测项目需要利用两种不同波长的光源进行检测，同时利用圆盘形的微流控芯片作为检测容器，首先，在靠近芯片圆心的试剂孔 1 中加入麻醉剂，芯片外周的进样孔 2 中加入血浆样品，在芯片旋转时试剂在离心力的作用下被甩向芯片外周的比色孔 3，最终与进样孔 2 中的血浆混合。由此，该结构可在芯片旋转过程中完成试样试剂混合、反应等操作。同时，运用能发射红光和蓝光的双光束二极管为恒定光源，光束透过比色孔 3，在其下表面有硅光电池接收光信号。在与凝结剂均匀混合后，血浆由于发生一定的理化反应而凝结，光信号也会随之发生改变。硅光电池将光信号的变化转换成电信号的变化，经采集可显示整个凝结过程电信号，经数据处理后计算，可得到需要的信息，如凝固时间、凝固过程曲线、按指定数学方法计算后的曲线等。该种方法的最大特点是：无损纤维，不受自然光干涉影响，可捕捉凝固过程的细微变化，精度高，准确性较好。

2.3.2.6 环节 6：实验

A 实验材料

样品（血浆）、柠檬酸三钠（抗凝剂）、碳酸利多卡因水溶液（麻醉剂）（1.4%、1.6%、1.8%）、PT 试剂、ATPP 试剂、TT 试剂、FIB 试剂。

血浆制备：在盛血的容器中先加入一定比例的抗凝剂（抗凝剂：血液 = 1：9），将血液加到一定量后颠倒混匀，离心（离心条件同上）后所得的上清液即为血浆。最好将上清液移至另一清洁容器，吸出血浆时用毛细吸管贴着液面逐渐往下吸，切忌不能吸起细胞成分。

B 实验方法

（1）对于凝血酶原时间（PT），检测方法为：选择波长为 405nm 的蓝光。在 $100\mu L$ 血浆（PPP）中加入 PT 试剂 $200\mu L$（经过 37℃ 预热），在均匀混合的过程中，在比色孔中进行光学检测，根据透光度曲线的突然下降找切变点，即为固态凝固的切变点。同时测出开始混合点到切变点的时间、百分浓度 PTA 和国际正常化比值 INR（时间参考范围是 11~14s，PTA 参考范围是 80%~120%，PTR 参考范围是 1±0.15，INR 参考范围是 0.8~1.5）。

（2）对于活化部分凝血活酶时间（APTT），检测方法为：选择波长为 660nm 的红光。在微流控芯片中加入贫含血小板血浆（PPP）$100\mu L$，加入 ATPP 试剂 $100\mu L$，以上混合物均匀后，在比色孔中进行光学检测，在 37℃ 温度条件下，准备预热 180s，加入已 37℃ 预热的 $CaCl_2$ 溶液，立即启动测试。根据透光度曲线的突然下降找切变点，即为固态凝固的切变点。测出血浆凝固所需时间和 APTT 时间比值 ATR（参考范围是 26~40s，APTT 时间比值（ATR）= 待测血浆 APTT 值/正常参考 APTT 值，参考范围是 0.8~1.2）。

（3）对于纤维蛋白原（FIB），检测方法为：选择波长为 405nm 的蓝光，在 37℃恒温时，在微流控芯片中加入贫含血小板血浆（PPP）200μL，加入 FIB 试剂 100μL，在比色孔中进行光学检测，根据透光度曲线的突然下降找切变点，即为固态凝固的切变点。同时测出开始混合点到切变点的时间，需要输入定标曲线。FIB 浓度分别取 1200g/L、600g/L、300g/L、150g/L、75g/L，定出浓度时间曲线（进行单位转换 g/L 到 mg/dL），FIB 浓度参考范围是 2~4g/L，200~400mg/dL。

（4）对于凝血酶时间（TT），检测方法为：选择波长为 660nm 的红光，在 37℃恒温时，在微流控芯片中加入贫含血小板血浆（PPP）200μL，加入 TT 试剂 100μL，在比色孔中进行光学检测，根据透光度曲线的突然下降找切变点，即为固态凝固的切变点。同时测出开始混合点到切变点的时间（时间的参考范围是 14~16s，TTR 的参考范围是 0.8~1.2）。

2.4 实战项目——炎症的多色荧光量子点快速检测

2.4.1 概述

炎症感染一直是重症监护病房中发病的主要原因，且反应临床表现多为致死性的急发病，医生需和时间赛跑，早诊断、早治疗是挽救炎症感染病人生命的关键！C 反应蛋白（CRP）与降钙素原（PCT）在健康人血清中水平极低，而在机体受到感染或组织损伤时会显著升高，因此，CRP、PCT 已成为临床诊断特异性炎症反应的常用指标。

国内外对炎症感染即时快速诊断（POCT）进行了大量的探索，目前，我国大型医院的炎症 POCT 检测产品主要被三巨头罗氏、Alere 和雅培所垄断，其产品技术路径为小型"化学发光和免疫荧光定量"；中小型医院以国产产品南京基蛋和深圳瑞莱为代表，产品技术路径则以"免疫层析+胶体金"为主。但是，炎症感染早期标志物的浓度一般为 pg/mL 到 ng/mL，现有产品技术在临床上均存在检测速度慢、精密度不理想的问题。这就提示，国内外尚没有攻克对炎症感染早期标志物等疾病进行即时快速、精准诊断的关键技术与产品。

2.4.2 实战案例：一种 CRP/PCT 联合诊断量子点纸基微流控芯片的设计

2.4.2.1 环节 1：项目背景调研

当发生炎症疾病或组织损伤 6~8h 内，血清或血浆 CRP、PCT 迅速升高，其水平与感染及损伤的严重程度呈正相关。有研究表明，单独检测一种指标 CRP 或 PCT 不能有效准确诊断，例如：在自身免疫疾病的炎症性疾病（如红斑狼疮、反应性关节炎和炎症性肠病）活动期间，仅测定 PCT 含量，会发现其与正常人的含量没有明显差异，但如果测定 CRP 时，CRP 含量明显高于正常人。因此，结合这两种指标的结果，才能最终确定病人是否有炎症反应。对心脏或肺脏移植患者的研究也显示，急性排异期 C 反应蛋白和白细胞计数升高，而 PCT 无变化。因此，定量联合检测 PCT/CRP 是非常具有临床价值的。但是，目前还没有一种能够同时检测 CRP、PCT 的临床检验手段。

近年来，CRP 与 PCT 检测常见方法有比浊法、乳胶凝集法、酶联免疫（ELISA）及胶体金等检测方法。比浊及 ELISA 法虽准确度高，但操作烦琐，检测所需时间较长。胶体金法虽检测时间短、操作简单，但灵敏度低，不能实现定量检测。量子点（QDs）是一种半导体纳米颗粒，与其他免疫荧光分析方法中通常采用的有机荧光染料相比，其光化学特性具有非常明显的优势。当量子点纳米颗粒受到外来光源激发时，发射荧光光谱窄、散射少、光漂白作用小、光化学性质稳定、不易被生物代谢和化学因素降解。利用上述特点，该项目拟以 CdSe/ZnS 量子点为标记物标记 PCT/CRP 抗体，设计出一种可实现人体全血样本中 CRP 与 PCT 定性与定量检测的新型纸基微流控芯片。

2.4.2.2　环节 2：理论基础

量子点具有很好的光学性能，不同尺寸的纳米晶体在合成的过程中，合成出光致发光（PL）带比较窄的高性能的荧光量子点，不同组成或者材料所得到的量子点，通过调整可以得到所需要的激发光范围。半导体量子点具有比有机染料分子更好的发光性能，放射出的单光子吸收和双光子吸收都较强，除此以外，能量转换的方式来调节光致发光也是量子点的特性之一。另外，半导体荧光量子点的荧光保留时间长，有些有机染料的荧光时间仅仅为几纳秒。

在特异性抗体表面交联上量子点，细胞内抗体和不同的细胞器特异性结合，就像是给各种细胞器或骨架系统贴上了不同的标签，从而分辨出不同的细胞器和骨架系统，来进行更为具体的研究。

2.4.2.3　环节 3：研究方法确认

量子点标记 CRP 抗体：合成量子点标记 CRP 抗体分为活化和偶联两个步骤。

活化：将表面包覆羧基的水溶性量子点加入 BS 溶液中，加入 NHS 和 BS 的混合溶液与 EDC 和 MES 的溶液，涡旋混匀，超声活化。增容体积，使用低温超速离心机离心分离，弃上清液。

偶联：将 BS 溶液加入活化后的量子点中，在涡旋、超声条件下，复溶，加入 CRP 抗体。涡旋混匀后，置于旋转培养器反应。分别加入终止剂和封闭剂，混匀，室温下，置于旋转培养器上反应扩容，低温离心分离，弃上清液，重复操作两次。加入保存液，重悬。样品放入冰箱保存备用。

量子点标记 PCT 抗体：将油溶性 CdSe/ZnS 量子点水溶性化方法为：用丙酮沉淀并重新分散于三氯甲烷中，加入适量巯基乙酸，充分混合后静置反应 2h。离心，弃上清液，加缓冲溶液使其完全溶解，再加入丙酮提纯，如此反复 2~3 次，最后将沉淀分散于磷酸盐缓冲溶液中，储存备用。运用分别结合到 PCT 两个不同位点的抗抗钙素单抗和抗降钙素多抗，可基本排除交叉反应。将单抗用共价交联法连接到量子点表面，得到量子点标记单抗，具体过程是：向磷酸盐缓冲液中加入量子点、EDC、15μgNHS 溶液和抗抗钙素单抗溶液，混合均匀并于室温下反应，加入甘氨酸封闭。用色谱柱或层析柱分离纯化，得到量子点标记抗抗钙素单抗。

2.4.2.4 环节 4：芯片设计

项目选用纸芯片制作原理与技术，根据项目要求设计一种 PCT/CRP 多色荧光量子点联合快速诊断芯片。参照设计如图 2-10 所示。

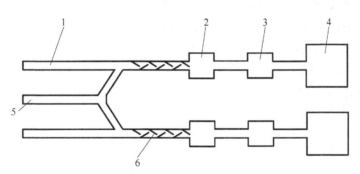

图 2-10 PCT/CRP 多色荧光量子点联合快速诊断芯片
1—样本入口；2—免疫反应室；3—质控室；4—废液处理室；
5—量子点入口；6—混合通道

混合单元包括血清入口 1、量子点入口 5、混合通道 6。微流控芯片中流体混合主要利用混合通道 6 的几何构型产生混合效果，无需借助外力，简化了设备，更符合自动化、集成化的要求。在微尺度下，流体雷诺系数一般较小，流形主要以层流为主，利用微通道的几何构型打乱流体流形，使流体间的接触面发生扭曲变形，在减小扩散距离的同时达到几种物质充分扩散，从而有效地提高了流体混合的效果。混合通道 6 的微混合单元长度为 500μm、深度为 50μm、宽度为 300μm。内部有一对错开 50μm 的挡板，挡板与微通道夹角为 60°，混合器总共包含 15 个周期的微混合单元，总长为 10~20mm。

免疫反应室 2 构建一个反应区域，将一定大小的多层 NC 膜嵌入其中，膜上载有抗体，抗原进过反应室，与膜上抗体充分反应。设计长 3.6mm、宽 400μm、深 50μm 的反应室，便于嵌入并固定用于检测的多层 NC 膜。

质控室 3 的微通道的几何构型设计是影响质控效果重要因素，利用不同的几何构型影响样本在反应区的流场。初步设计质控反应室的尺寸长为 3.6mm、宽为 400μm、深度为 50μm，便于嵌入并固定用于检测的多层 NC 膜。

废液处理室 4 收集多余废液，防止污染。初步设计废液处理室 4 长 3cm、宽 2.1nm、深度 200μm，内加工放置吸水纸。

采用能够发射 405nm 波长的激光发射器照射检测模块和质控模块，并通过接收器接收反射回来的荧光的强度，测得数据。

2.4.2.5　环节 5：实验

A　芯片制作

芯片制作包括：

（1）纸基微流控芯片通道制作。利用紫外光降解自组装硅烷化单分子层的纸芯片加工方法制作。首先将亲水性滤纸用十八烷基三氯硅烷（OTS）的正己烷溶液进行浸泡，通过滤纸纤维羟基和 OTS 的缩合反应在滤纸的纤维素表面组装 OTS 单分子层，使滤纸由亲水变为强疏水。然后，在石英掩膜的保护下通过深紫外光（254nm，185nm）及其在空气中诱导产生的臭氧（UV/O_3）选择性区域光降解，从而制得微流控纸芯片。

（2）检测单元和质控单元制作。将纸基芯片基底纸加入乙醇水溶液中，然后加入 3-氨丙基三乙氧基硅烷充分振荡反应，使基底纸表面带有氨基。然后利用喷涂机将含有 CRP 抗体 I 的溶液喷涂到检测反应室 1，将含有 CRP 抗体 II 的溶液喷涂到质控反应室 1；同样利用喷涂机将含有 PCT 抗体 I 的溶液喷涂到检测反应室 2，将含有 PCT 抗体 II 的溶液喷涂到质控反应室 2，从而使得抗体固定到纸芯片的表面。

B　实验方法

量子点检测 CRP 与 PCT：将复合物样本滴入样本口，经微流控管道，荧光复合物被分离在检测带处，游离荧光抗体在质控室带处，用特定波长激发光扫描检测条，荧光标记被激发出荧光，血液样本 CRP、PCT 抗原浓度越高，检测带处激发出荧光越强，峰值越大。计算检测室/质控室峰面积比，参照光强-浓度定量模型，可定量计算出样本 CRP、PCT 浓度。

第3模块　监护机器人智能开发

3.1　监护机器人开发背景

由于监护人繁重的工作和生活压力，或是疏忽，时常有儿童失踪、幼儿意外身亡、老年痴呆症患者和失能人群无质量和无尊严的生活等触目惊心的事件报道。事件人群让人心碎，但事件发生后我们依然无能为力更让人欲哭无泪。

现象1：儿童失踪。

凤凰卫视《社会能见度》栏目曾报道："我国每年约有20多万儿童失踪，目前仍然没有放弃寻找的案件逾60万件。"由于没有官方数据，这组来源于凤凰卫视的数据，成为在谈到失踪人口问题时经常被引用的数据。根据人口普查统计，目前中国0~14岁以下儿童人数大约为2.7亿人，虽然儿童失踪的概率非常低，但是，儿童失踪依然是每个家庭的梦魇，是父母内心深处最大的恐惧。网上只要是和"儿童失踪"有关的事情，我们每个人都非常关注，当然更多的，还是担忧，担心孩子的安全。

现象2：儿童意外身亡。

中国儿童死亡原因中的26.1%属意外伤害，平均每天约有一个学生因意外事故而早早离开人世，而且这个数字还在以每年7%~10%的速度增加，全国死亡监控网显示，无论城市或农村，意外死亡均为1~4岁的儿童，死亡率高达每10万人685~941人。究其原因，很大原因为监护人监管疏失造成。

现象3：老年痴呆症。

老年性痴呆又叫阿尔茨海默病（Alzheimer disease，AD），是一种中枢神经系统变性病，起病隐匿，病程呈慢性进行性，是老年期痴呆最常见的一种类型。主要表现为渐进性记忆障碍、认知功能障碍、人格改变及语言障碍等神经精神症状，严重影响社交、职业与生活功能。据报告显示，2020年我国老龄化水平将达到17.17%，80岁以上老年人口将达到3076万人，占老年人口的12.37%，痴呆症患者对医疗保健以及养老需求将不断增加，因此加强对痴呆症患者的照护迫在眉睫。

现象4：失能人群。

在老龄人群中有大量脑卒中患者，脑卒中特指由于急性脑血管循环障碍引起的持续性大脑半球或脑干局部性神经功能缺损。这类患者多数伴有偏瘫症状，约

70%的患者存在不同程度的运动功能障碍。目前，我国中风发病率较高，而中风患者中致残率约1/3。另外，随着社会及城市建设的发展，交通事故、斗殴及建筑工地事故等导致的脑外伤日趋增多，成为各类人群肢体瘫痪的另一常见原因。这些丧失生活自理能力的人群称为"失能人群"。按照国际通行标准分析，吃饭、穿衣、上下床、上厕所、室内走动、洗澡6项指标，1~2项做不了的，定义为轻度失能，3~4项做不了的定义为中度失能，5~6项做不了的定义为重度失能。据2016年2月24日，中国老龄科学研究中心发布《中国老年宜居环境发展报告（2015）》显示，我国失能、半失能老年人大致4063万人（见图3-1），占老年人口18.3%。民政部下属研究机构中民社会救助研究院发布《中国老年人走失状况调查报告》显示，缺乏照料成为失能人群无质量、无尊严的生活的主因。

图 3-1　孤独的失能老人

3.2　实战项目——儿童陪护机器人

3.2.1　概述

　　据统计显示，儿童意外伤害最常发生的地点是在家中，其所占比例高达43.2%。因为儿童的心智、身体机能尚未成熟，难以有效识别与判断意外风险，家长作为监护人需要为孩子充分做好预防措施，让孩子远离意外伤害。此外已有早期研究证明，学前教育对于儿童的认知发展具有不可忽视的影响，为了让自己的孩子赢在起跑线上，越来越多的家长开始重视学前教育。因此本节所介绍的项目案例为设计一款专门用于防止儿童遭受意外伤害，安全有效，为儿童的茁壮成长保驾护航的幼儿陪护智能机器人，这对于大大降低家中儿童意外伤害率具有深远意义。

3.2.2 实战案例：幼儿陪护智能机器人的研发

3.2.2.1 环节 1：调研背景

如今大多数年轻父母由于生活压力和工作压力，不得已将大部分的精力投入工作中，所以很多时间都不能陪在小孩子身边。以幼童市场为例，据联合国儿童基金会披露的一组数据，全世界每天平均有 2000 个家庭因为儿童意外而伤害到孩子健康，在中国每年有 1000 万儿童遭受各种各样的伤害，约占中国幼儿总数的 10%，全中国有 6800 万留守儿童、1000 万城市留守儿童因为缺乏父母的有效陪伴和监护有可能面临这样的处境。尽管当父母不在家的时候，幼儿会由爷爷奶奶照看，但是爷爷奶奶也不能时时刻刻的照看幼儿，因为他们有许多家务活要做，比如洗衣服、做饭等，所以在这些时间段内，父母如果能通过机器人确保幼儿处于安全地带，他们就可以更加全身心地投入到工作中，不会由于担心孩子的安全状况而分心。

学前教育期是人的认知发展最为迅速、最重要的时期，在人一生认识能力的发展中具有十分重要的奠基性作用。已有研究证明，早期教育对于儿童的认知发展具有重要影响，单调、贫乏的环境刺激和适宜的学前教育的缺乏，会造成儿童认知方面的落后，适宜的学前教育可以帮助儿童形成正确的学习态度，良好的学习习惯和强烈的学习动机，从而对个体的认知发展和终身学习产生重大影响。

3.2.2.2 环节 2：确认研究目的

研究目的为：
（1）儿童上学之前完成学前教育，为以后的校园生活做好铺垫。
（2）在学前教育的过程中，增进亲子互动关系。
（3）家长通过远程网络控制机器人，从而达到实时监控的目的。
（4）按照设定的程序路线打扫卫生，有效减少家长承担的家务负担。

3.2.2.3 环节 3：提出研究假设

实验将利用奥科流思 5 号机器人的现有程序进一步开发，机器人如图 3-2 所示。二次开发达到的目标为：
（1）远程监控，改变现有操控的距离限制，通过电脑与电脑、电脑与手机的远程操控，实现远距离操作机器人的跟随和动态画面的实时传输。
（2）定位巡航，通过程序编码，设定机器人的定位巡航功能，可根据不同家中的摆设，编成行走路线，机器人按照既定路线周期循环，实现对家中地面的清洁和全方位监控。
（3）学前教育，利用语音传输和互动功能，编入唐诗、宋词、音乐、英语

图 3-2　奥科流思 5 号机器人

等基础教育知识，通过不同的操作点击，可以与幼童进行互动、做游戏、学英文等智力兴趣培养功能。

（4）调用 VC++中 Windows API WaveIn/WaveOut 方法，利用音频设备进行语音采集和播放，从而达到远程语音沟通的功能，即使父母和幼儿没有待在一块，他们仍然可以通过机器人完成亲子活动。

3.2.2.4　环节 4：明确研究意义

研究利用现有机器人进行二次开发，配备了强大的知识库和诸多可自行下载的学习应用软件，孩子可以和机器人一起练英语、做算术、背唐诗、学习生活常识，是认知世界、掌握各种知识的良好平台，为儿童提供一个寓教于乐的机器人玩伴，并且具有先进的旋风吸尘系统，可以减轻父母对于清扫房间的负担，满足未来居家生活的需要。这款机器人不仅具备可以帮助那些在外工作、无法陪伴孩子的父母监控孩子行为的功能，大大降低了儿童遭受意外伤害的风险，而且能够培养和传授儿童学前教育知识，激发学习兴趣，将是儿童健康快乐成长路上的守护者和指引者，如图 3-3 所示。

3.2.2.5　环节 5：制定研究方法

研究方法主要有：

（1）文献研究法。通过学校内网查阅相关机器人的资料，能形成关于机器人的基础知识，有助于实验的推进。通过相关文献了解机器人当前的发展趋势、当今社会需要机器人实现哪方面功能以及如何克服实验难点。此外通过查找文献，了解当下较为流行的远程监控和语音传输的方法，通过对比分析，进一步确立研究方案。

（2）讲座。通过 TED 和慕课的讲座进一步了解研发机器人需要掌握的知识，因为可以在前期准备阶段多学习该方面的知识，为机器人的开发打下牢固的基

图 3-3 儿童陪伴、守护者

础。通过讲座对别人的实验进行旁观和借鉴，听听他们的经历、观点，对于自己的实验是大有裨益的。

（3）实验法。通过实验法来不断测试机器人室内清洁的定位巡航功能，当固定一个方向前行时，不断改变其左转右转，模拟家中物件的摆放位置，确定其清扫路线图，防止出现清洁死角，利用多次全方向的测试，减少或消除各种可能影响机器人工作时的无关因素干扰，在简化、纯化的状态下统计机器人行走路线图准确性，确保在设定后的操作中，机器人可按照既定路线完成每一个地点的精确清洁。

（4）模拟法。通过模拟还原出家中的场景，打开远程监控操作，验证摄像头是否正常工作，画面分辨率是否良好，机器人是否方便操作，有没有延迟出现现象以及是否可消除远距离操作的限制，达到最初预想设计的目标，父母可随时随地查看儿童在家的情况，防止意外发生。

3.2.2.6 环节：实战研究结果

A 远程操控

a 手机与电脑的连接

首先将一部智能手机通过 USB 数据线与电脑相连，对手机 USB 端进行调试。调试成功后，在电脑上打开"Total Control"的 PC 版，在手机上打开"Total Control"的安卓版。最后在 PC 版上点击"连接"之后，电脑就可以对手机进行相关的操作。实物演示如图 3-4 和图 3-5 所示，通过这两幅图可以清楚地看出，电脑已经可以实时接受手机的画面，并且可以成功地打开位于手机中的控制机器

图 3-4　手机画面在电脑上显示

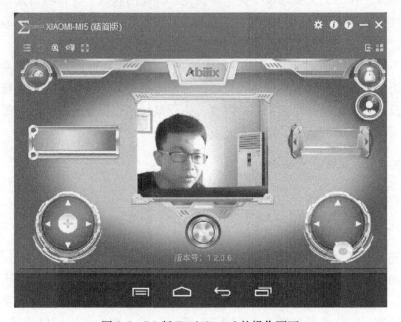

图 3-5　PC 版 Total Control 的操作页面

人移动软件，因此可以进行下一步的实验。

b 电脑与电脑的连接

下载运行"TeamViewer_ Setup_ zhcn. exe"。在运行界面选择相应的下步操作，运行界面如图 3-6 所示。要进行远程控制，首先两方电脑都必须执行 Team-Viewer。运行 TeamViewer 后，TeamViewer 的服务器会自动分配一个 ID 和密码，ID 是固定的，但密码是随机的，每次执行都会不同。左边是本机 ID 和密码（若是对方要主动连你，要将此告诉对方），在右边输入对方的 ID（连续输入不用空格）就可以连到对方了。选择"远程控制"连线方式可以在主控电脑上显示对方的桌面，控制受控电脑就像自己在该电脑前一样（对方桌面右下角也会有个小小的控制视窗，可以让对方知道连线进来的人是谁，和控制"结束连线"与"聊天对谈"）。TeamViewer 包含丰富的加密，基于 RSA 私有/公共密钥交换和 AES（256 位）会话编码。除了伙伴 ID 之外，TeamViewer 还会生成会话密码，该密码在软件每次启动时都会更改，这提供了额外的安全性保护，防止远程系统受到未经授权的访问。

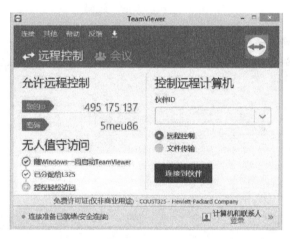

图 3-6   Team Viewer 操作界面

c 手机与机器人的连接

先将手机与机器人连入共用局域网，然后用手机扫描机器人自带的二维码，如图 3-7 所示。从而建立起机器人和手机的联系。在这种条件下，手机可以利用手机软件（奥科流思遥控器）来对机器人进行操控，操控画面如图 3-8所示。

d 本轮实战结果分析

学生成功通过 2 台电脑、1 台手机、2 款软件达到了远程监控的目的。当父母工作的时候想看看儿童活动状态时，可以登录办公室电脑，然后操控机器人去

图 3-7　机器人的二维码

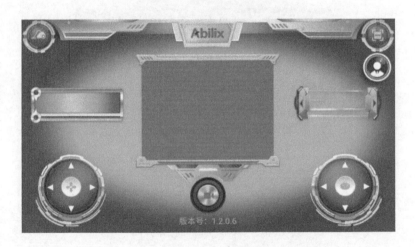

图 3-8　手机 APP（奥科流思遥控器）操控画面

观察幼儿的一举一动，确保幼儿处于安全地带，降低意外事件的发生概率。整个流程图如图 3-9 所示。

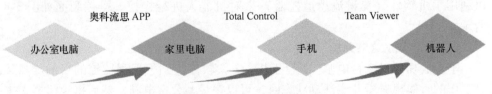

图 3-9　远程监控流程图

利用语音传输和互动功能，编入唐诗、宋词、音乐、英语等基础教育知识，通过不同的操作点击，可以与幼童进行互动、做游戏、学英文等智力兴趣培养功能。在该功能的基础上，增加远程语音传输的功能，所以父母即使出门在外，也可以通过该功能来和孩子远程互动，和孩子一起完成学前教育，一方面帮助孩子完成学前教育，另一方面加强了亲子关系，营造出和谐家庭氛围。

B 打扫卫生

手机软件可以根据家具摆放位置来制定相应线路，此外机器人具有和吸尘器一样的功能，所以把二者结合起来进行定向打扫卫生，为家庭生活带来便捷，整个清洁过程不需要人控制，减轻人为操作负担，省下时间看电视、陪家人。机器人采用吸尘的方式，将地面杂物吸纳进入自身的垃圾收纳盒，从而完成地面清洁。它的出现改变了"扫帚+抹布+拖把"的传统地面清洁模式。

实现该方法的方式有两种：一种是利用手机软件编写行走线路，另一种是利用电脑软件"Abilix Chart"制定清洁路线，具体操作步骤如图3-10所示。

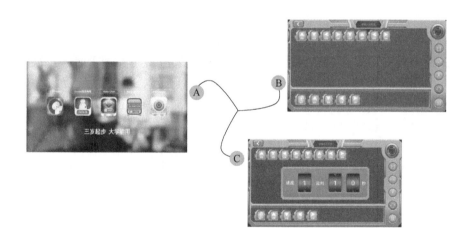

图3-10 手机软件编程步骤

图3-11所示为流程图程序编辑窗口。左侧为模块库，中间是程序编辑窗口，右侧为JC代码栏（可以控制是否显示，该栏显示内容为流程图程序自动生成的，不可更改，能方便学习C语言结构和读取各模块参数）。一台机器人主要包含控制器、传感器、执行器和用户程序，传感器和执行器都是接在控制器的各端口上的，用户程序在控制器中运行。学生可以理解为用户程序通过控制器的端口采集传感器的值，经过各种计算后再通过端口给执行器发送指令让其动作。Abilix

Chart 的模块库进行了重新分类，分为电机模块库、扬声器模块库、LED 灯模块库、传感器模块库、控制语句模块库、运算模块库和变量模块库。

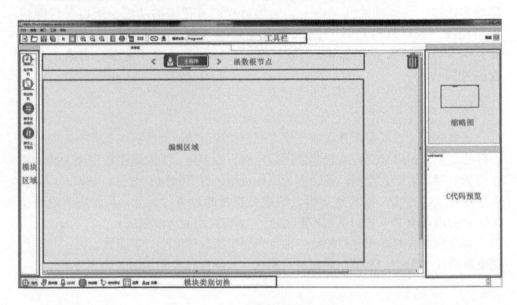

图 3-11　PC 版流程图程序编辑窗口

在用户程序中，读取各端口传感器的返回值一般有两种用途：储存和判断，其中用于判断的情况居多。在 Abilix Chart 中提供了 while 语句、if else 语句、for 语句三种判断方式的流程图模块，它们都在控制模块库中。如果要做判断必须有被比较的对象和比较参考值。被比较的对象一般是传感器的返回值或者更新后的变量值，所以在传感器模块库中所有具备"读取"功能的模块都可以直接装换成条件判断模块。控制模块库中各模块的图标、名称、界面图和作用见表 3-1。

表 3-1　各模块的图标、名称、界面图和作用

序号	图标	名称	界面图	功能
1	⌛ 延时	延时		等待相应时间，在此时间内控制器不执行任何动作。参数为需要等待的时间，单位为 s。不对应执行器实物

序号	图标	名称	界面图	功能
2	判断	条件判断	Y 判断 N	C 语言中的 if（条件）…else …语句，参数为用户设置的条件。功能是如果条件满足则执行模块左分支语句，否则执行模块右分支语句
3	无限循环	无限循环	无限循环	C 语言中的 while（1）语句，没有参数。功能是让循环体内的语句重复执行下去
4	多次循环	多次循环	000	C 语言中的 for 语句，参数为循环次数。功能是让循环体内的语句循环运行用户指定的次数
5	Break 中断	中断	Break	C 语言中的 break：语句，没有参数。用于循环体内，当执行到 break，会跳出循环，继续执行循环之后的语句

编写程序的过程如下：

（1）从左侧的模块图标中选择所需的模块拖拽到右侧编辑区域；

（2）将模块移动连接到主程序链表下；

（3）更改模块的参数。

程序写入过程：

（1）Abilix Chart 已成功连接机器人；

（2）在工具栏为下载的程序命名（由字母数字下划线组成不多于 8 个字符），默认为"ProgramA"；

（3）点击"下载"按钮，提示"下载成功"，即 Abilix Chart 程序已下载到机器人控制器。

电脑编程模块如图 3-12 所示。

但是，目前设计的机器人还有一些缺点，因为该机器人的超声传感器位于正前和正后方，机器人在清洁的过程中，无法避让侧面的障碍物，所以一旦碰到侧

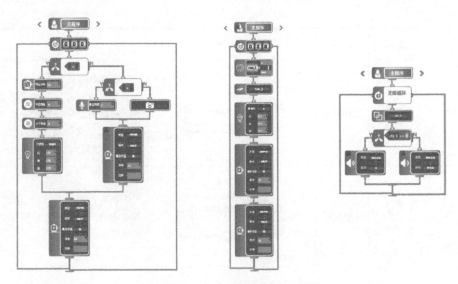

图 3-12　电脑编程模块搭建示例图

面的障碍物，机器人就会改变清洁路线，这就达不到预期的效果。解决方法有两个：

（1）严谨地制定清洁路线并保证路线上无其他障碍阻碍机器人工作；

（2）在侧面加两个超声传感器，保证机器人能感应到侧面的障碍物。

就实际情况来说，第一种尽管花费的时间会长一些，但是可行性高，对于技术要求不高，适用所有人群；第二种方法需要对机器人进行二次安装，操作难度大，失败率高，因此实战使用的是第一种方法进行清洁。

值得注意的是，学生也可以利用机器人巡线模块来控制机器人清洁路线。但是完成巡线清洁的条件是：需要粘贴有颜色的塑料线，通过结合实际情况考虑，学生发现尽管这种方法可以增加清洁路线的精准度，但是粘贴的塑料线会降低家庭布局的美观性，因此没有对该方法进行研究。

3.2.2.7　环节 7：实战研究结果讨论

A　课题研究方法的科学性

（1）研究小组成员认真分析国内外机器人研究现状，发现利用机器人完成智能化生活已经成为了当前研究的热点，因此该项目具有十分广阔的前景，可以说机器人智能化的发展是大势所趋，它必然会在日常生活中扮演越来越重要的角色。但由于其作为新兴研究热点，在具有广阔市场前景的同时，也隐藏着很大的技术难点。此外，研究小组发现很多人都对智能机器人非常关注，但是很少有人会想到"幼儿陪护"这一理念，所以此次研究的课题具有十分广阔的前景。

（2）研究小组在文章撰写前多次联系机器人的卖家，了解到很多这方面的行业现状、发展以及机器人二次开发的很多方面的相关知识。

B 课题研究结果的可靠性

经过大量实验和数据分析，基于奥科流思 5 号机器人现有程序，研究小组进行了软件升级和新功能的开发，由最初单一的前行移动和清洁功能，发展到十几款学前教育、亲子互动软件，同时经过学生们反复操作验证，解决了由 WIFI 传输所带来的距离限制，目前已实现只需两台电脑和一部手机就可随时随地控制机器人的移动，画面传输良好，可清晰观察周围环境，从而达到预期设计的目标——监护孩子，防止意外出现。室内清洁，依据××实验室桌椅的摆放，通过精确计算速度和转向角度，设定巡航路线，机器人可在没人操作的情况下，完成连续的吸尘实现对每个角落的清洁。

C 研究成果

在这一次的综合实验过程中，学生充分运用所学知识并结合指导老师细致入微的指导，对该机器人进行了二次开发。在小组成员的共同努力下，主要实现了它的远程监护功能、按制定路线清洁、学前教育和远程亲子互动的功能。其价值在于，在减轻年轻父母的负担的同时，还实现了幼儿的陪护和学前辅导教育。

D 课题研究存在的局限性

课题研究存在的局限性有：

（1）目前机器人自带摄像头的像素不高且监控范围有限，所以还不能实现 $360°$ 无死角的监控。

（2）为了实现该机器人的远程监控功能，在其原有设备上，我们增加了两台电脑、一部智能手机和两款软件。一台电脑是固定的，一般放置在有小孩儿的家里，而另一台电脑则是可移动的，可以是年轻父母办公室的电脑，也可以是随身携带的笔记本。从信号指令发出到机器人接受并执行信号指令，这一过程是比较复杂和烦琐的，它包括从电脑到电脑的传输、电脑到手机的传输、手机到机器人的传输和最终机器人接受并执行信号指令。在如此烦琐的过程中，要确保机器人实现我们期望的功能就必须要保证每一个环节都不能出错，但这其实是非常困难的。信号指令传递的中间过程太多且复杂，导致信号指令的发出到机器人执行信号指令所需的时间长，以至于很难实现机器人和人发出的信号指令的完全同步，因此操作有 $0.5s$ 左右的延时，流畅度不够好。

（3）超声传感器位于固定正反面，清洁过程中，无法避让侧面的障碍物。

（4）由于小组成员自身知识储备不够以及时间较为紧张，因此语音实时传输功能还没有实现，流畅度不够好。

　　E　进一步研究的建议

　　针对以上学生发现的陪护机器人存在的问题，学生们对幼儿陪护机器人的进一步研究开发有一些更深刻的了解和体会：

　　（1）可以想办法在机器人的结构上进行一些改造。在机器人身上增加更高清并且可以 360°无死角监控的摄像头。

　　（2）寻找更加合适的软件去进行远程连接，理想情况下只利用 2 部手机即可完成远程监控。通过精简步骤达到远程监控所需的步骤，减少设备的成本以及提高操作流畅度。此外可以增加人脸识别系统，达到机器人实时跟随幼儿的功能，这样就可以节省父母时间，因为父母不必再操控机器人去寻找幼儿的位置。

　　（3）将机器人进行拆卸，在外壳两侧安装两个超声传感器，从而使机器人能够避让侧面的障碍物。

　　（4）进一步了解 VC++中 Windows API WaveIn/WaveOut 方法利用音频设备进行语音采集和播放。

3.2.2.8　环节 8：实战研究总结

　　通过本次实验，学生在机器人身上实现了远程监控、利用机器人完成家庭清洁以及利用机器人进行学前教育。在实验过程中，学生通过 Total Control 和 Team Viewer 两款软件实现了远程控制机器人再实施监控；利用机器人自带的行走编程软件和 PC 机上的编程软件来实现机械人按照设定路线行走且进行吸尘；通过对机器人的寓教于乐软件进行整合，整合出家庭学前教育系列软件，从而达到了学生预想的目的。但在研究阶段也发现了一些存在的问题：

　　（1）超声传感器只固定于正反面，在清洁过程中，无法避让侧面的障碍物。

　　（2）因利用的软件有 3 个，操作有 0.5s 左右的延时，流畅度不够好。

　　（3）机器人的自带摄像头不够高清。

　　（4）语音无法实时传输。

　　针对这些问题，学生接下来的研究主要方向如下：

　　（1）在机器人四周添加超声传感器，使得机器人能够 360°无死角自动避障行走，自主在家里吸尘，无需通过一次次实验设定行走路径，简化操作，使该机器人适应更多的人群。

　　（2）可以继续寻找一款可以直接使手机与手机远程相连且控制的软件，减少远程控制过程中的设备，减少延迟时间，优化用户体验感。

（3）修改机器人的外接方式，使机器人可以通过网络直接与远程的智能设备相连。

（4）可以研究开发远程控制开关机的功能等，进一步优化家庭学前教育功能。

（5）重新组装机器人，使用更高清的摄像头。

尽管现有开发的机器人是一款较为成熟的产品，但学生通过查阅资料和组内的头脑风暴，将现有功能进行了整合并且开发出新的功能。这不仅是一次锻炼，更是一次挑战。通过这次实验，研究小组对机器人的二次开发有了更进一步的了解，以后再做相关的实验将会更得心应手。总之，在研发过程中，学生学习了许多在课堂学不到的知识，拓宽了他们的眼界、锻炼了动手能力以及提高了创新能力，在未来面对困难与挑战时，同学们将会更有勇气面对与坚持。

3.3　实战项目——老人陪护机器人

3.3.1　概述

随着科技进步和人们生活水平的提高，我国逐渐步入老龄化社会。对于我国大批瘫痪病人的康复治疗以及日常护理问题和老年人日常家庭生活照料问题，已成为现代康复医学和医疗工程的研究热点。针对我国大批老年痴呆群体以及残障人士群体的实时需求，结合当下发展热点移动服务型机器人的优缺点，此实战项目将设计一款家庭智能陪护医疗机器人——BluePower Robot（BP Robot）。

3.3.2　实战案例：家庭智能陪护医疗机器人的研发

3.3.2.1　环节 1：调研背景

家用机器人是机器人的一种应用类型，根据用途和功能的不同可主要分为家政服务机器人、助老助残机器人和教育娱乐机器人。目前，中国已经成为世界上老年人口最多的国家，也是人口老龄化发展速度最快的国家之一。此外由于自然灾害、突发事故等原因还有数以百万计的残疾人。因此研制开发助老助残机器人产品，为老年人和残疾人提供诸如出行、护理和医疗康复等方面的服务，这对于提高老年人和残疾人的生活质量、缓解社会压力具有重要作用。目前国际市场上已涌现出大批家用医疗辅助类机器人，并且运用也较为成熟。图 3-13 是由丹麦公司 Universal Robot 研究开发的一款服务型机器人 Care-O-bot。这款机器人有一只机器人臂，可以完成拿取一杯水或者食物这类简单的动作，也可以完成帮助病人离床或进行康复训练这样的较高难度的任务。

美国研发了一款外形可爱的家庭医疗机械人 Pillo（见图 3-14），可以提醒用

图 3-13　Care-O-bot 机器人

户吃药，并能自动按剂量分配药物，甚至可实时连接在线网络解答医学问题。这款机器可同时储存多个用户的药物，最多可储存 250 粒药丸，还具有人脸辨识功能，能为不同用户分配药物。

图 3-14　Pillo 机器人

　　针对残障人士和老年人的医疗陪护需求，此次研究旨在开发一款个性化高度集成、多功能、操作便捷且成本较低的可移动式家用智能陪护医疗机器人。目前对于机器人的控制比较成熟的有语音控制、红外线遥控、基于 WiFi 无线网络控制等方式，这些控制方式存在不便于携带、移动性较差且控制环境需要网络等问题。针对以上问题，此次实战案例提出了利用 "Arduino+Android" 通过蓝牙通信功能来实现对移动机器人控制的解决方案，设计一款主要结构为机械臂和基座的机器人，具有抓取物件、配备药丸盒、超声避障等功能，达到代替人上肢的部分活动，按给定的操作、轨迹和要求进行工作。

3.3.2.2 环节2：研究方法设定

此次实战利用文献分析法等各种研究方法，对康复机器人进行概念设计、模式设计、结构完善，而得到最终的设计模型。

（1）讲座与视频：

1）机器人专业讲座。在专业教授的讲座中可以了解到现在康复机器人的发展趋势、新功能的运用，如何开发相应应用软件平台连接人们的日常生活，智能机器人未来应用预测，及机器人对家庭成员进行日常生活的辅助，特别是对残疾或行动不便的人员的帮助与生理信号的监测等。在讲座中研究组成员了解到了辅助型康复机器人的设计必要性。

2）辅助康复机器人视频。相关机器人视频展示了在不同场景中机器人的运用方式：一是医院机器人可以依照医务人员指令，对各房病人进行生理信号的监测，并判断患者的病情，向医务人员给出相应建议；可起到对病人的送药和送物功能，减少护理人员的工作量，同时提高护理效率。二是养老院机器人主要起到陪伴护理的作用。语音功能实现机器人与孤独的老人进行谈话、交流；服药提醒功能让老人按时吃药，避免老人少吃或多吃药物，影响病情；日常生理检测信号，可随时关心老人的身心健康。在视频观看过程中，学生可以了解到辅助康复机器人主要运用在医院、老人院等公共社区，很少部分运用到个人家庭中，因此研究组成员计划设计一种在家庭中运行，适合独居老人或残疾人士的康复机器人。

（2）相关文献查阅。为了更好地实现机器人的功能，项目组利用图书馆和网络搜索相关机器人的专业文献，了解辅助康复机器人的具体技术。

1）人机交互口技术。运用单片机编程，可实现人与机器人沟通。机器人与手机、电脑的接通简便易用是康复机器人高效运行的基础。操纵杆和功能键盘是最常用的接口形式。平板显示器和触摸屏可以采用菜单方式操作，同时还可以显示机器人的反馈信息。语音接口有普适性，但是成本较高，还不能实现完整的自然语言交流。针对有语言障碍的用户还出现了以摄像机监测头部、眼睛和手的动作、位置来判断意图并形成控制命令的接口方式。

2）超声移动技术。超声传感器技术可以起到避障作用，超声传感器信息融合技术和导航技术对康复机器人来讲又有其特殊性。移动康复机器人除了带有各种环境感知传感器以外，还携带有人机接口用的各种传感器。因而对这些数据更准确地融合和综合分析是机器人做出正确决策的基础，近年来也提出了许多传感器信息融合算法。

3）机械臂运动技术。康复机器人的机械臂（或称为操作器）要求结构精巧、运动灵活，有较大的工作空间，一般为多自由度串联机器人结构。针对不同的应用，出现了 4~8 个自由度结构。其中家用型机器人的自由度较少，结构尺寸也比较小。而需要全方位运动的机器手臂则需要 6 个以上的自由度，尺寸也比较大，达到 800mm 左右，如著名的 MANUS 手臂。康复机器人的手臂以旋转自由度为主，有的带有可伸缩的基座以增加手臂的工作范围。为了增加手爪的灵活性，一般在手臂末端设计 3 个回转自由度。由于不需要拿过重的物体，因此机械臂的有效载荷一般比较小，从 0.5kg 到 2kg。这些资料为此次机械臂设计起到了参考作用。

3.3.2.3　环节 3：实战研究结果

此次项目中，学生团队小组最终制作的机器人采用手机蓝牙控制，实现了机器人的自由移动与机械臂的抬放、旋转与抓取功能。该机器人的机械结构由移动平台、旋转平台和机械臂三部分构成。

A　移动平台设计

移动平台的设计是为了让机器人更好地移动。设计阶段考虑到机器人的通过性，设计了履带式结构，分别由两个大功率编码电机作为驱动，改变两电机转速可以实现前进、后退、原地转向。

然而在实际测试中发现，由于装配精度等多方原因，造成了摩擦阻力过大，影响了平台的行进速度。因此，将履带式设计改为轮式设计，但依旧采用原设计的驱动原理（见图 3-15）。更改设计后，该平台的行进速度及灵活度大为提高，即使是最后的完成体，在与另一小组的小车比赛中，仍旧有良好的表现，其行进速度、转向速度均超过另一组的履带式设计。

B　旋转平台设计

在最初的设计思路征集中，该研究组最初的设计是做一款安置在病人床头，辅助病人拿取物品的机械臂，为了增加其自由度，设计了一个旋转平台，来模拟肘关节的活动，以达到更大的的活动范围。在最终的设计环节，保留了这一设计，经过对最终作品的测试发现，保留这一结构是十分必要的。由于移动平台采用了两个大功率的编码电机，其灵活度和动力性能较为出色，但带来了一个问题，其操纵性有所下降。为此，在旋转平台的设计上，选取了一款功率较小的电机，实现机械臂的小范围调整。机器人可以先到达目标位置附近，再利用旋转平台，调

图 3-15 移动平台实际图

整机械臂位置，实现精准定位，完成对物品的抓取工作，同时在不影响其灵活度的前提下，改善了机器人的操纵性，如图 3-16 所示。

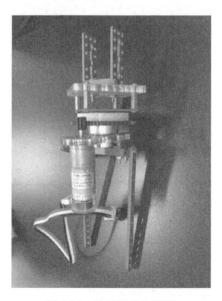

图 3-16 旋转平台实际图

旋转平台的功能是使机械臂实现 360° 旋转，其结构较为简单，可靠性好。仅仅利用了电机、传动齿轮、轴承等少量部件即可实现设计功能，传动齿轮与轴承刚性连接，电机驱动传动齿轮转动，传动齿轮带动轴承转动，以此实现了机械臂的转动。在实际的操作过程中，由于布线的因素，机械臂并不能做到 360° 的旋转，其转动范围约为 ±100°。

C　机械臂设计

限于实验室条件，对机械臂的设计较为简略，仅采用了简单的框架结构作为支撑（见图 3-17），用编码电机模拟人体肩关节功能。机械爪部分则直接使用了套件中的配件，具备抓取简单物品的能力。

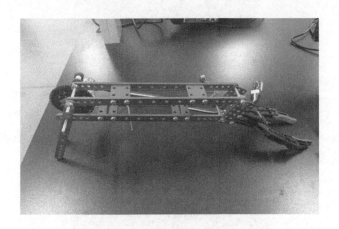

图 3-17　机械臂实际图

机械爪仅有一个自由度，并且为纯粹的机械结构，不具备感知能力，未来可以考虑在机械爪上加装压力传感器，实现精确控制。

D　控制器设计

此项目并未给机器人设计控制器，而是采用了成熟的智能手机软件作为机器人的控制器（软件操作界面见图 3-18），降低开发的难度。

3.3.2.4　环节 4：研究结果模拟测试

在完成全部设计和搭建工作后，学生对最终产品（见图 3-19）进行了多次测试，包括各部分功能的调试、整体联合调试、模拟场景测试等。在测试过程中，发现和解决了不少的问题，包括前文提到的移动平台履带式和轮式的选择、硬件电路的修改、整体重心的调整等。

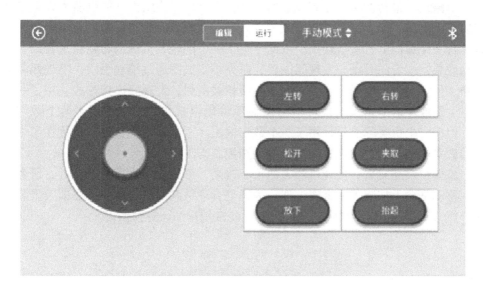

图 3-18　机器人控制软件操作界面

图 3-19　机器人最终造型

　　电路设计最初参考了原有装置的设计，但是由于小组设计的机器人设置了较多的编码电机，Megapi 开发板上现成的连接口仅有 4 个，机械爪的直流电机接口只能与一个编码电机接口连用。由此产生了一个问题，机械爪和旋转平台产生了联动效果，二者同时动。发现问题后，研究小组试图通过编程手段，实现两者的单独工作，但没能成功。经过在网上查阅相关资料，发现原连接方式共用了一组供电，造成了这一情况。硬件电路图显示编码电机接口虽然占用了两个数字输出，但编码电机实际上只是用了一个数字输出。于是学生将直流电机接在了未使用的数字输出口上，实现了两电机的分别控制与工作。

　　整体组装完成后，发现机器人的重心较高，不稳定。为了降低重心，研究小组在移动平台上加装了一金属框架。为了更合理地利用机身空间，在框架上装了一个筐（见图 3-20），在筐里可以放置一些常用物品，方便使用。

图 3-20　机器人模拟场景测试

3.3.2.5　环节 5：研究结果讨论

　　在此项研究中，项目组通过文献分析和网络调查等研究方法，对当前社会对家庭用机器人的需求前景进行了分析。目前，随着中国人口老龄化进程的不断加剧，老年人口数量迅速增加，以及基于庞大人口基数而存在的大批残障人士，一款可靠的家用辅助机器人将为该类人群的生活质量带来极大提升。因此，家庭陪护类机器人在可以遇见的将来具有广泛的应用价值与需求。在发达国家中，已经存在针对儿童的家庭机器人，能够实现语音对话、人机交互等功能；同时，在部分医院内，也采用了送药机器人，具备自主巡线、递送药物、定时提醒等功能。因此，设计一种针对老年人以及残障人士的家用陪护机器人，实现辅助取物、定时提醒等功能是完全可行的。

在此项研究中，项目组经过严谨的前期论证与讨论，并参考大量的现有产品，最终选定深圳创客工厂科技有限公司的 Makeblock ultimate2.0 可编程机器人开发套件平台，开发出本产品。并经过了长时间的调试与调整，最终经受住了模拟场景的检验，其可靠性得到了有力的验证。

目前市场上存在的机器人多为较大体型，功能不够齐全，应用局限于医院，而在家庭领域的应用较少，而此项研究设计的家庭陪护机器人具有个性化高度集成、多功能、操作便捷且成本较低等明显优势，十分适合家庭条件下的使用，对于许多老年人和瘫痪人士具有很大的应用价值。

此次研究的机器人目前已经实现了一部分预想的功能，但仍存在一些问题，如设计的功能较为简单，由于机器人体积较小而导致的负载能力较弱，在智能化程度上还亟待提高等问题。造成这些问题没能解决的原因有两点：一是因为自身设计的能力还不够，二是因为实验室的条件有限。虽然这些问题目前还没能解决，但不影响对于设计的渴望，相信在以后，会针对这些问题再加以改进，如使用更便捷有效的控制手段、改善机器结构、增加更多实用功能，从而进一步完善本设计。

3.3.2.6 环节 6：研究结果展望

在此次课题设计和实验中，基本完成了辅助型康复机器人的功能设计：机械臂 360°全方位旋转运动，可抓举重物运送；以 Megapi 单片机为中心元件编程运行路线和定时提醒的功能，实现机器人的自动避障和服药提醒功能，但在实验运行的过程中，缺乏摄像头的监控模块，不能进行对机器人的远程操控。此次实验重点研究了机械臂的设计和单片机的软件编程。一般机械臂的维持在 1~2 个自由度，此次通过使用圆轮，将机械臂运动在 4~6 个自由度；通过项目组人员对单片机的二次开发，增加了机器人的智能应用，更好地完善了机器人的路线规划功能和定时吃药提醒。辅助智能设备在老人的日常生活中将越来越重要，这也是社会进步的标志。

当今社会，老龄化的问题日趋浮现。老年人是一个特殊的群体，在各项与年龄有关的生理功能方面明显不如年轻人，认知功能的进行性衰退也严重影响着老年人的个人和家庭生活；而空巢化更是待解决的难题，都市社会最易遭受家庭空巢化的挑战，精神忧郁则使部分老人遭受着痛苦，有些老人必须部分或全部依赖他人生活。竞争赋予了年轻人只争朝夕的使命感，人们都在紧张地为生计而忙碌；陷入了角色困境，要同时扮演好成功人士的角色、合格父母的角色和孝顺子女的角色往往是勉为其难的。

随着社会的发展与进步，信息的交流和分析同样重要，智能型家居辅助陪伴性机器人的作用日趋上升。未来的机器人也会向信息检测化、数据分析化、自主学习化发展，更好地服务于老年人及残疾患者，保护他们的身心健康。所以如何实现辅助机器人对信息精准地监测和潜在数据分析，是未来的研究的重点和难点。

通过此次实验，项目组学生收获颇多。首先，从想法构思上，学生学会了怎样与小组成员有效地沟通，将学生所有的想法综合起来。其次，学生学会了团队合作，各展所长，有人负责模型搭建，有人负责程序设计，有人负责功能调试。最后，通过此次研究，让学生对以后的就业有了一个认识基础，怎样从市场需求分析到可行性设计，对学生今后进入职场具有很大的意义。

3.4　实战项目——失能人群的福音

3.4.1　概述

行动不便是高龄老人的首要难题，世界卫生组织的调查显示，失去步行能力的老人会在半年内迅速失去其他生活能力。而当前城市多数家庭都是独生子女，工作也较为繁忙，大多没有充足的时间和精力来照顾老年人，步行辅助机器人的普及势在必行。同时，现今有很多高位截瘫病人或其他重症残疾人丧失了行为能力，如何利用高科技技术改善他们的生活质量，让他们重获自理能力是科学研究服务于社会的一个重要方向。肢体功能不健全的人的思维与正常人基本上没有差别，操作者本身具有的脑电生理信号可以用来控制小车，通过意念控制小车的运动来帮助高龄、行动不便的人群移动，帮助满足他们基本日常生活的移动需求。

3.4.2　实战案例：意念机的二次开发

3.4.2.1　环节 1：调研背景

社会的发展和人类文明程度的提高，行为受限的人士越来越渴求运用现代高新技术来改善生活质量和生活自由度。人们的控制方式已经由传统的人机交互控制方式，如按键控制等，发展为更加智能化、便捷化的装置。近年来，随着脑电信号（EEG）与意识间的关系研究取得较大进展，人们开始注意如何根据不同的思维任务对脑电信号进行快速、准确的分类，实现人体与周围环境的信息交流。

在辅助高龄老人和残疾人的设备中，不依赖于肌肉和身体动作或者声音指令，而仅仅采用脑信号和外部世界互相作用的脑机接口（brain-computer interface，BCI）技术受到高度关注。澳大利亚的 Emotive Systems 公司开发了将人机交互结合到人机对话中的非意识转换的技术，以实现模拟人与人之间的交互，现有两款产品 Epoc 与 Insight 较为成熟，可采集到较为清晰的脑电信号。

此次研究基于市场上现有的一款 Emotive Insight 意念机产品，结合自组装的蓝牙小车，通过转换脑电波为编码指令，由蓝牙传输到小车，达到帮助高龄老人和残疾人士的基本生活需求，极大地减轻子女和家人对于这类群体照顾的负担，老人完全可实现自主移动、拿取药品和其他物品的基本能力，这无疑将对行动不便的老人和残疾人是一种福音。

3.4.2.2　环节 2：提出研究问题

研究问题有：

（1）如何把意念机收集的脑电波信号转换为操作代码？

（2）如何把意念指令通过蓝牙编程传输到单片机的蓝牙上？

（3）如何编程指令并让小车执行相应的指令，从而实现意念对小车的控制？

3.4.2.3　环节 3：确认研究假设

基于 Emotive Insight 意念机的 5 个传感器的采集模块收集脑电波信号，通过硬件滤波剔除杂波的方式，将原始脑电波信号线性模拟后放大处理，处理后的信号会变得更加精确。采集到的数据最后会经过算法转为数据，最后，由蓝牙模块传送给单片机对系统进行控制，从而通过该模块再加相应的外部电路来构成通过意念控制小车的目的。

3.4.2.4　环节 4：明确研究方法

研究方法主要有：

（1）文献研究法。通过百度和谷歌查阅相关意念机控制小车的文献，对意念机和蓝牙小车的控制有了基本的认识，有助于实验的推进。通过相关文献了解脑电波控制的原理以及当前意念机的发展趋势、针对的目标人群和如何克服实验过程中的难点。

（2）讲座。通过 TED 和慕课里的网上在线讲座进一步了解意念机控制机器人需要掌握的知识，因为可以在前期准备阶段多学习该方面的知识，为意念机的开发打下牢固的基础。通过讲座对别人的实验进行旁观和借鉴，听听他们讲述的经历、观点，对于自己的实验是大有裨益的。

（3）信息研究法。通过谷歌搜索 Emotive 公司的官网，查询有关软件开发的SDK，通过对信息的分析、加工和整理获得信号传输和指令代码的知识，建立思维框架和设计方案，为实践操作做好前期的准备工作。

（4）模型法。通过下载 My Emotive 软件进行模拟训练来控制物体的前进后退、左右移动。根据脑电波信号的强弱显示物体移动的程度和精确度，为之后的意念来控制小车提供数据参考。同时模拟不同状态下的脑电波信号，提取出变化明显、波动范围大的波作为最适合控制小车的指令。

（5）数量研究法。统计在放松状态、读书状态、运动状态下的脑电信号，随着注意力的集中，脑电信号逐渐加强，并根据大脑的活跃程度用亮暗度来显示脑电波的信号强弱。根据统计记录的兴趣值、压力值、放松值以及专注度，参考在不同状态下的数据，通过定量分析和定性分析，归纳数据整合资料得出在不同状态下最佳操控小车的脑电信号值范围程度。

（6）经验总结法。通过咨询官方客服、联系招标企业负责人以及在导师的悉心指导下，研究小组对于如何通过脑电波去控制小车中的蓝牙传输功能有了全面深刻的理解，了解到如何去编码程序和理解研究的核心要点。

3.4.2.5　环节 5：研究结果

A　意念机控制小车系统结构框架

系统框架分为两部分，整体框架如图 3-21 所示。第一部分是意念机模块：先将意念机收集的脑电信号处理，转换成蓝牙信号，再从意念机自带的蓝牙收发模块中发出。第二部分是小车模块：安装在小车的蓝牙收发模块，接收来自意念机的信号，再通过微处理器转化为数字信号，从而实现控制小车行动的功能。整个系统的具体控制流程如图 3-22 所示。

B　意念机配件和组装

整个意念机带有 5 个脑电波传感器和 2 个参比传感器。传感器使用聚合材料制作为干电极，不需要在皮肤表面涂抹导电胶和生理盐水。因此，整个意念机的特点是佩戴舒适、操作简便、信号稳定、传输速度快。意念机零部件如图 3-23所示。

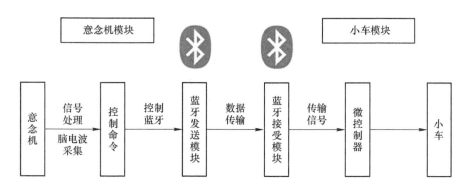

图 3-21 系统结构框架

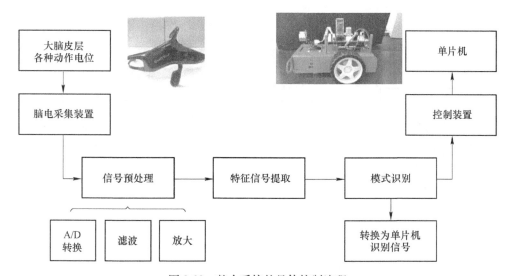

图 3-22 整个系统的具体控制流程

图 3-23 意念机零部件

C　利用软件进行意念训练

由于不同人产生不同的脑电波信号，因此在使用意念机之前，意念机会收集并训练佩戴者平静时的脑电信号，从而增加后续实验的精准度和灵敏度。随后，将实验收集的信号与初始信号做比较，这样就可以完成意念控制小车的操作。整个过程如图 3-24 所示。

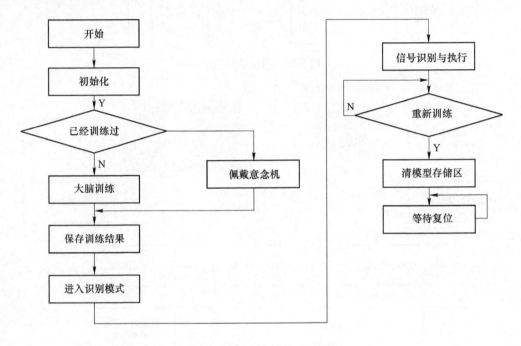

图 3-24　意念机内部的识别流程

还可以利用"Mental Commands"软件来检测脑电波的强弱。首先将意念机和手机利用蓝牙连接。登录后的界面如图 3-25 所示，从图中可以看出电池电量为 40%，且 5 个干电极传感器均接触良好，因此可以进行下一步的操作。如图 3-26 所示，软件需要采集大脑平静时的脑电信号作为参比信号，为随后的实验做铺垫，这一步对整个实验起到至关重要的作用，因为参比信号决定之后所采集信号的灵敏度和精确度。

D　数据采集与分析

如图 3-27 所示，可观察到放松状态时的脑电信号为零，随着注意力的集中，脑电信号逐渐加强，并根据大脑的活跃程度用亮暗度来显示脑电波的信号强弱。

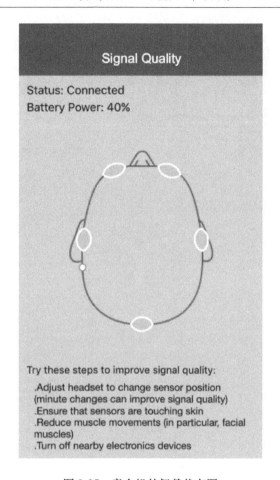

图 3-25　意念机的佩戴状态图

从图 3-28 中可以看出，在读书状态下，兴趣值和参与度值较高，大脑处于一个相对放松状态。如图 3-29 所示，在运动状态时，脑电信号值有大幅度的增值，尤其是兴趣值和兴奋值明显比压力值、专注度、参与度和放松值高很多，反映出了大脑此刻处于一种极度活跃的状态。

E　数据采集与处理

在官网购买并下载软件"EmotivXavierPure. EEG"，该软件的功能是可以收集意念机采集的原始脑电波信号，并将其导出进行进一步分析与处理。具体界面如图 3-30 和图 3-31 所示。从图中我们可以看出意念机的 5 个端口对应着 5 条曲线，这表明 5 个端口采集的脑电信息是不同的。对比图 3-30 和图 3-31，我们发现在眨眼的时候，最上面和最下面的曲线有较大的波动（对应端口为 AF3 和 AF4），因此选择这两个端口作为控制小车前进与停止的信息源。

图 3-26　意念训练界面

通过查阅相关文献与资料，进行了智能化数学建模，模型原理如图 3-32 所示。首先采集大脑平静时的电位，根据电位高低将 5 个端口的电位定义为 "0" 和 "1"。接下来采集大脑动作电位，跟平静电位一样，将 5 个端口采集的脑电信号用 "0" 和 "1" 表示。最后将大脑动作电位与大脑平静电位相减，获得 5 个端口的输出电位。不同的输出电位定义小车不同的运动状态，见表 3-2。因此可以通过该模型达到处理数据从而控制小车的目的。

采集一段时间脑电数据后点击 "Saved Sessions" 进行数据保存。保存之后再点击 "Export"，即可将脑电信号通过 CSV 和 EDF 文件导出来，进行下一步数据的处理，信号保存界面如图 3-33 所示。

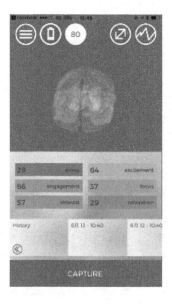

放松状态

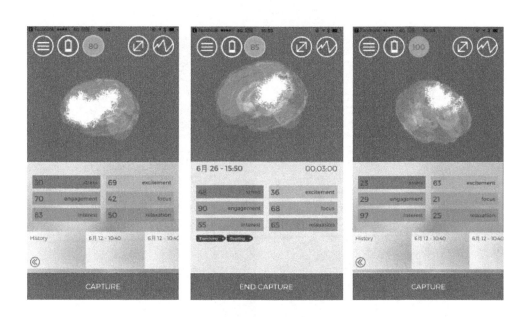

注意力集中状态

图 3-27 不同状态下脑电波的强弱信号图

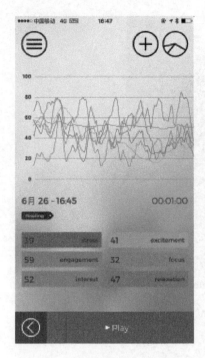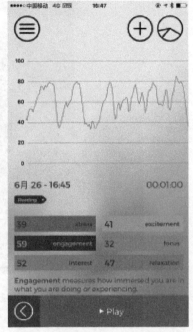

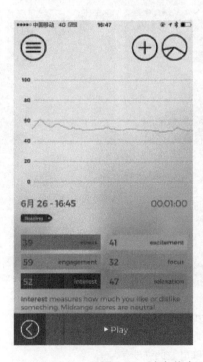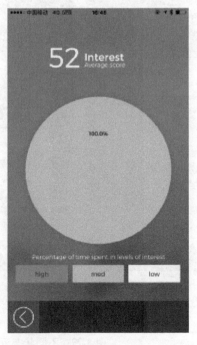

图 3-28　读书状态下的脑电信号分布图

表 3-2 不同输出电位所对应小车不同的运动状态

运动状态	一维信号	二维信号	三维信号	四维信号	五维信号
前进	1	0	1	1	0
后退	1	0	1	0	0
左转	1	0	1	0	1
右转	1	0	1	1	1
漂移	0	0	0	1	1

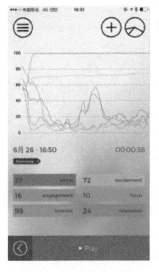
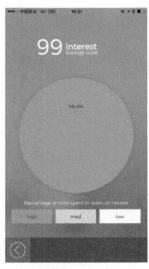

图 3-29 运动状态下的脑电信号分布图

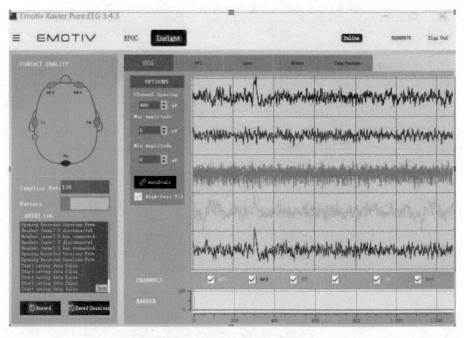

图 3-30　平静时采集的脑电波信号

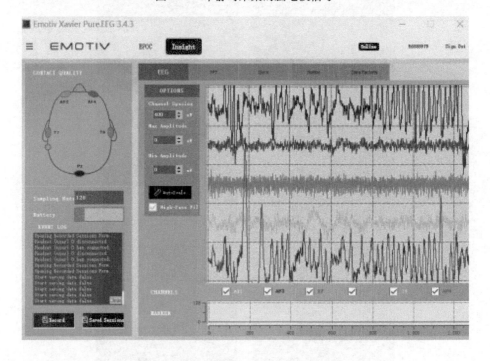

图 3-31　眨眼时采集的脑电波信号

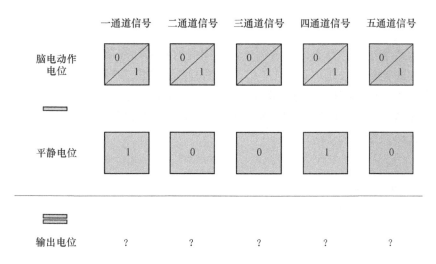

图 3-32 智能化数学建模

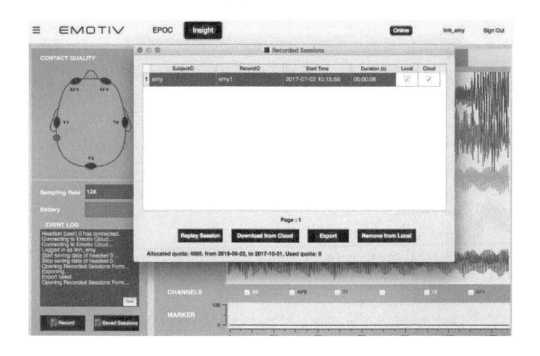

图 3-33 脑电信号导出界面

F　编写相应程序

通过数学建模计算出采集数据这段时间内的数据标准差和阈值，并将二者做比较，判断输出信号是"0"还是"1"，编程数据如图 3-34 所示。

在小车的蓝牙接收模块上编程，当小车接收的信号为"1"时，小车运动；当小车接收的信号为"0"时，编码电机停止，小车也随即停止时，编码电机转。伪代码如图 3-35 所示。

```c
#include"stdio. h"
#include"math. h"
#define N 100
void main O
 {                              If (s〉10)
int a [N], n, i;                y=1;
float aver, s;                  else
float sum=0, e=0;               y=0;  l
  printf ("请输入样本量:");
scanf ("%d", &n);
printf ("请输入%d 个样本:", n);
for (i=0; i〈n; i++) l
 {
scanf ("%d", &a [i] );
sum+=a [i];
}
aver=sum/n;
for (i=0; i〈n; i++)
e+= (a [i] -aver) * (a [i] -aver);
e/=n-1;
s=sqrt (e);
printf ("平均数为:%. 2f, 方差为:%. 2f, 标准差为:%. 2f \ n", aver, e, s);
}
```

图 3-34　计算导出数据标准差并将其与阈值做比较的程序

清空串口数据；

　　if（串口缓存接收到数据）

　　｛

　　读取缓存数据，存入字符变量；

　　if（字符变量 = = ' 1 '）

　　｛

　　编码电机转速 = X；

　　｝

　　if（字符变量 = = ' 0 '）｛

　　编码电机转速 = 0；

　　｝

　　重复

图 3-35　编码控制小车运动的程序

3.4.2.6　环节6：研究结果分析

A　科学性与可靠性

实验利用 Emotive Insight 意念机提取人体脑电信号，经 PC 机处理信号，最后用处理后的指令信号控制单片机小车运动。经过模拟实验，其结果表明，可以通过脑电控制单片机的运行。

实验通过导师的悉心指导，组员广泛的查取文献以及小组内部认真讨论，合理地设计了实验流程，对提取的脑电信号，进行了特征提取和模式分类研究。

根据 51 单片机的功能特性，设计了相应的控制方案及策略，该方案实现单片机运动的基础，即运动与停止。在此基础上设计了脑电信号采集辅助软件。然后，采集眨眼（左、右眼不同）、咬牙、皱眉等 5 个动作状态下的脑电信号，并对其时域和频域特性进行定性分析。通过小波包变换将 5 类动作状态下的想象脑电信号从频域上扩展成 5 通道信号，接着按上述方法进行进一步特征提取，并通过数学建模进行模式分类，然后对结果进行分析。

B　研究局限性

实验初步设定仅采集一通道信号，进行一位数据的处理与传输，控制单片机进行简单的停止与前进。二次设计的五维数据的建模也过于简单，仅能实现几个动作，且对信号的特征处理没有一个严格的标准，导致采集信号的准确性有所下降。项目下一步工作拟解决多维数据处理与传输问题、单片机模块优化测试、如何提高识别特征信号的准确性、建模大数据化以及编程单片机相对应的动作信号，进而实现智能化。

第4模块 医疗健康机器人的智能开发

4.1 亚健康之殇

4.1.1 概述

据《中国城市白领健康状况白皮书》统计，中国主流城市白领中有 76% 处于亚健康，接近 60% 处于过劳状态，在 30~35 岁的高收入人群中，生物年龄平均比实际年龄提前衰老 10 年。简而言之就是说，大城市中大多数白领的身体年龄比自身老了 10 岁。

这些数据并非危言耸听，相信生活在大都市里的白领们都深有体会，当高强度、快节奏、不规律作息成为生活的主旋律时，随之而来的是疲劳、失眠、心烦、头疼、情绪烦闷等，这时候你可能还觉得身体没问题，依旧以年轻为由，肆无忌惮地重复不良的生活习惯。殊不知，长期这种亚健康状态下，许多白领的身体可能已经开始慢慢地发生"质变"，你还想毫无保留地工作吗？

中科院的权威调查显示，我国知识分子平均寿命仅为 58 岁，低于全国平均寿命 10 岁左右，且这一阶层的早死现象正在加剧。

从数据显示可知，大城市多数白领处于亚健康状态，但并没有引起足够的重视，究其原因，主要是处于亚健康状态的人没有明确的病痛感，这让许多人放松了对危险的警惕之心，如果这种状态不能得到及时的预防与干预，非常容易引起慢性病的发生和发展，甚至是一些重大慢性病的产生，比如心脑血管疾病、呼吸道疾病、癌症等。据国外成功经验表明，只有从患者前期即亚健康状态期开始全程预防，才能有效遏止慢性病。

相比发达国家，我国目前在防治亚健康方面仍存在较大差距。不良工作生活习惯呈盛行之风，"未病先防"意识薄弱。同时，社会上缺乏保障健康教育持续、规范开展的运作机制和推进方法。亚健康、慢病发展已经到了刻不容缓之地，如果没有积极有效的防治，这不仅是民之痛，也将是国之殇。

4.1.2 案例 1：医者之殇

2016 年 12 月 7 日，厦门大学附属中山医院血液科副主任医师王昭因主动脉夹层破裂，抢救数日不幸去世；仅隔一天，即 9 日凌晨，同院呼吸内科主任医师尹小文博士，因突发心脏骤停离世。而几天后的 13 日清晨，福建省立医院正在值夜班的护士徐玲突然晕倒，疑因急性心肌炎被送进 ICU 抢救。哀伤惋惜之余，不少医护人员感叹，医生在看病之余，常提醒患者常体检，有病早发现早治疗。但他们当中，却是很多人饮食无法规律，睡眠严重不足，好几年都没体检、运动，身体出现问题，也不会太在意。一顿午餐，只能抓住间隙，迅速扒几口，断断续续吃了三四次，直到饭菜凉了，嚼在嘴里没了味道，只能扔进垃圾桶。这样的场景，对厦门大学附属中山医院急诊科的医护人员来说，早就习以为常。有值班医生自嘲说，急诊室和抢救室之间间隔可能只有四五米，但他们要不停地走来走去，一天的微信步数可以达到 1 万多步。2016 年 8 月，调研机构"医米调研"发布了一份《中国医生健康状况调研报告》，报告指出，缺斤短两的睡眠时长、成年累月的夜班、不健康的饮食习惯，以及"不自医"的健康意识等"职业病"，成为突破医生健康底线的导火索。"我们都在透支身体"，这样的现实，让救死扶伤的医者，遭遇到前所未有的尴尬和危机。

4.1.3　案例 2：学者之殇

2017 年 12 月 31 日，复旦大学党委研究生工作部副部长、材料科学系教授、博士生导师江素华，年仅 42 岁的女教授，就这样在 2017 年的最后时刻匆匆离别了这个世界，遗憾地没能来得及看一眼新年的朝阳。英才早逝，哀叹惋惜。更令人痛心的是，这样的噩耗近年来我们接连听到：2011 年 4 月 19 日，同是复旦女教师的于娟不幸病逝，年仅 32 岁。2016 年 8 月 28 日，"青年千人计划"获得者、中国科学院生物物理所研究员赵永芳猝然病逝，年仅 39 岁。一个多月后的 9 月 24 日，另一位"青年千人计划"获得者、北京师范大学化学院教授何智因病离世，年仅 35 岁。这一则则令人痛惜哀叹的噩耗，无不残酷地提醒着人们：高校青年教师和科研工作者的健康问题亟待引起重视！有媒体报道，据中国科学技术协会公布的调查数据显示，科技工作者平均每日工作时长为 8.6h，最长工作时间每天 16h，每周的运动时间不到 5h，明显少于其他学历群体的运动时间。高校青年教师与科研人员看似光鲜亮丽的光环背后，是日复一日的艰辛付出和生命透支。

4.2　健康意识的重要性

导致我国亚健康疾病发病率增高的主要原因除了生活和工作压力大，还有就是体检意识淡漠。很多病提前查出来就能治愈，可为什么大伙都没有体检意识，或有意识却很少付诸实际，为何不愿意去体检？究其原因主要有以下 3 点：

（1）即便查出来有问题我能怎么办？心理上拒绝面对。

（2）惰性，感觉自己在生活中没什么问题，没必要去体检，要排队还花钱。

（3）各类体检项目繁杂，自己都不知该检查什么。

事实上，大多数疾病早发现早治疗是完全可以治愈的，同时常体检才能给自己建立健康档案，让医生与自己掌握自己的健康状态。据国家卫生计生委一组数据显示：目前全国居民健康素养水平仅为 9.48%。也就是说：每 100 个人中，具备健康意识的不足 10 人。据相关调查数据显示，75% 的人曾在感冒或者发烧期间工作。感冒发烧是小事，带病上班可就是大事。虽然健康不是人生的全部，但是它是人生的基础。如今大部分中国人宁愿花 2000 元去大吃一顿，也舍不得掏 1000 块出来做个体检。冰冻三尺非一日之寒，比如癌症的潜伏期为 5~20 年，不去检查肯定难以发现它的存在。其实，体检是一种有效的健康管理方式。体检能有效发现潜在的致病因子，及时有效的治疗，避免悲剧发生；观察身体各项功能反应，适时予以调整改善；加强对自我身体功能的了解，改变不良的生活习惯，避免危险因子的产生，提高健康水平。

切实做到早发现、早预防、早诊断、早治疗，以控制亚健康恶性发展，提高生命质量。我们的工作需要与时间赛跑，而我们的健康更需要与时间赛跑，除了调节我们的工作状态，加强锻炼外，常体检早治疗是我们生活质量的保证。

4.3　互联网+共享经济下的服务机器人

服务机器人是机器人家族中的一个年轻成员，其定位就是服务。当前世界服务机器人市场化程度仍处于起步阶段，但受简单劳动力不足及老龄化等刚性驱动和科技发展促进的影响增长很快，据统计，2012 年全球服务机器人市场规模为 207.3 亿美元，2012~2017 年的年复合增长率达到了 18.5%，到 2017 年已达到 580 亿美元。行业空间巨大，中国作为后来者，增速将更快。现在，随着生活质量的提高，越来越多的人开始对机器人表现出了浓厚的兴趣，市面上的机器人种类层出不穷，如智能农业机器人、家庭智能陪护机器人、乐橙育儿机器人等，但大都售价不菲，功能多的售价高达数万元甚至上百万元之多，功能少的也要三四千元，普通家庭难以承担，导致了机器人难以普及。从互联网共享经济开始，共享经济模式已越来越多地运用于传统行业，如共享单车、共享雨伞、共享充电宝等，但不难看出，目前共享产品科技含量低，而共享机器人的想象空间相比要大得多。通过与共享理念的结合，能够解决因机器人价格昂贵而无法普及使用的问题，共享机器人不但能很好地满足人们对于高新产品的好奇心，更使得人们无需花高额费用购置，便能很好地体验机器人带来的服务，大大节约了消费者的使用成本。在实现了用户可以以低价体验机器人之后，用户还可以通过手机软件功能设计模块选取已编辑好的机器人动作，如避障、拥抱、提取货物等功能模块，以及通过软件上的语音编辑模块，输入文字，编辑信息，通过蓝牙传输至机器人，使机器人能根据用户个人需求进行不同服务，该功能模块使共享机器人可以根据不同人群的自主功能设计，提供更为智慧化、个性化、人性化的服务。

据统计，我国目前有 2.6 亿名慢性病患者，慢性病的致死率达到我国总死亡人数的 85%，慢性病的知晓率、治疗率、控制率分别为 30.1%、25.8% 和 39.7%，反映出中国慢性病患者高流行趋势、低水平控制的现状。该现状原因多因居民缺乏相应的健康意识，未能定期体检或自行使用检测设备而无法分析结果造成的。目前，市场上有多种便携式体检设备，如血氧仪、血压计等，但这些设备功能单一，无法分析结果；而多功能检测仪，如优乐智能健康监测仪、健康智能机器人——久乐表等，虽然能检测多项生理参数，但售价高，且缺乏二次开发功能，检测方式单调，缺乏检测结果智能分析。

4.4 实战项目——共享健康伴侣 Pacers

4.4.1 概述

本项目拟集成多种检测设备，有多种检测模块可选，如中老年人检测模块、青年检测模块等，可以根据使用者年龄的不同，对检测值进行智能计算，依据各年龄段标准值进行结果分析，提供更准确的健康指示值，从而提供针对性的个性服务。结合大数据，对检测结果进行智能分析，并可实时传输数据，在线问诊，向医生咨询状况，实现网络挂号—检测—问诊一站式服务。

4.4.2 环节 1：调研背景

随着社会的进步，人们生活水平逐渐提高，健康已成为大众越来越关注的问题。但由于目前社会的医疗资源分配不均与短缺，看病难已成为社会的一大难题。特别是针对老年人，如何能够方便快捷地了解自己的身体状况，社会应提供一种什么服务成为一个很现实的课题。而目前共享经济这个概念已成为世界的一大风口，不管是在住宿、交通、教育服务还是生活服务等领域，优秀的共享经济公司都在不断涌现。因此本项目主要是为了解决以上问题而提出了共享健康伴侣 Pacers 这样一种理念。

4.4.3 环节 2：研究假设

随着社会的发展，我们需要建立新的社会机制，以使新平台经济学的收益普惠化，甚至分配给每个人。从这个意义上，人人共享才能达到人人受益。本项目主要研究以手机为核心，共享为理念，结合医疗仪器，设计一款适用于社区等公共场所，并且简单、易操作的共享诊疗机器人，为大众提供多种身体生理检测，从而实现便捷便宜的身体检测，解决看病难、检测贵等问题，大众可通过检测结果随时了解自己的身体状况。

4.4.4　环节 3：研究目标设定与可行性分析

项目作品"共享健康伴侣 Pacers——领步人"主要有三大特点，如图 4-1 所示。

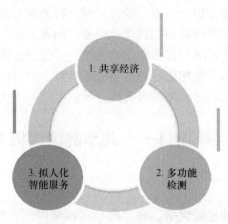

图 4-1　Pacers 特点总结

4.4.4.1　特点 1：机器人销售运营新模式——共享机器人

该部分主要利用微信公众号实现，通过扫码关注产品公众号，查询各项生理参数检验项目，输入对应检验代码，在微信公众号上完成网上缴费，获取验证码，即可通过机器人完成身体各项参数检验。通过该功能，可使该产品在社区、商场、药房等人流量大的地方进行"共享消费"，凭借其高新科技的外表吸引顾客，提升体验率。伴随人们健康意识的不断加强，人们愈发对自己的身体健康有更多关注，该产品凭借其身高、体重、血压、血氧、体脂等多功能检测模块，可满足日常健康关注需求，无论男女老少，均可使用该产品，拥有数量庞大的目标客户。同时，为了满足各年龄段用户检测需求，进行模块化分类检测，结果值将上传至用户手机，进行智能分析，对应各年龄段特征，使检测结果更为准确。其使用流程如图 4-2 所示。

图 4-2　使用流程

共享机器人作为一种机器人销售模式的新突破与新尝试，将共享理念与机器人、多功能体检模块结合，有望在未来大大提升人们的生活质量，保障人们的身体健康，方便人们的生活。

该特点意义在于：

（1）自我推销。服务于人员密集区域，相比起传统机器人行业销售员拉客户体验，通过共享使用模式，让更多人体验到机器人的乐趣，把单纯的机器人硬件销售转化成了娱乐体验式的消费模式。

（2）降低消费者金额负担。共享机器人能很好地满足人们对于高新产品的好奇心，无需花费高额费用买回家，只用几十元即可体验机器人带来的服务，大大节约消费者成本。

（3）轻松健康检测。结合我们的产品，共享机器人能集成多种生理参数检查模块，让人们在逛超市、散步、下班之余花费较少费用及时间，完成多项检测，无需跑到专门的医院、药房，大大方便人们的生活，提升生活质量和加强健康意识。

可实施性：该部分功能主要由手机、云端、机器人三部分组成，涉及云端系统开发，当前市场上，共享行业软件方案开发技术相对成熟，市面上多家公司从事该软件行业，如深圳市赛亿科技开发公司、迪尔西科技有限公司、亦强科技有限公司等，开发费用在 5000~10000 元/台不等，技术发展成熟。该方案具有以下可行性：

（1）政策的支持。2015 年下半年，接连出台的两项文件把共享经济推向了风口浪尖，不仅国家领导人肯定共享经济的发展，还将共享经济理念纳入国家顶层规划。针对共享经济的具体领域——客栈民宿、短租公寓等业态，国家更是点名支持，这些政策的出台表明共享经济已成为国家大力发展的经济形式之一。有了国家支持作后盾，2018 年共享经济的发展必将获得更多的政策绿灯，不再处于以往的灰色地带，共享经济将走上健康、良性发展的道路。

（2）资本的支持。伴随着全民创业的热潮，更多资本投入 O2O 行业，共享经济站上风口，成为被关注的对象。大量的资金注入，给共享经济企业以坚实的资金后盾，让其得以发展扩张。从外卖、家政、用车、租房等生活的方方面面，每一个垂直领域都渗透了共享经济的因子。

（3）思想观念的开放。共享经济企业的发展促进了人们思想观念的转变，人们思想观念的转变又反作用于共享经济的发展。伴随着在线短租等共享经济细分业态的发展，人们逐渐意识到闲置房源等物资也可以创造价值。加上思想开放的影响，越来越多的人将会加入共享经济的队伍中，参与者的增多给在线短租等细分业态增添了活力。2018 年，受到国家经济转型的影响，人们的思想方式会更加开放，共享经济理念也会被更多的人接受。

4.4.4.2　特点 2：机器人+多功能一体化健康检测

多功能一体化健康检测+机器人的运用集成多种身体检测项目，可同时满足不同人群不同要求，且机器人可在结构、功能、使用方式上进行二次开发，根据用户体验不断改进，提升用户体验，为未来商用医疗机器人的研发提供参考。目前国内市场上，检测功能丰富、一体化程度高的仪器价格昂贵，普通百姓无法承担，价格低的检测仪功能单一，缺少二次开发能力，最关键的是随着年龄的增长，我们每个年龄段的检测指标都不同，当前市场产品虽然检测值准确，但是否符合各年龄段标准指标却无法分析，而我们将检测仪与机器人融合所设计的产品，包含儿童、上班族等年轻人关注的体重、身高、微量元素、体脂、亚健康等项目，针对老年人，有血压血氧、心率、血脂等检测项目，根据检测模块及个人信息，将检测值传输至手机，对结果值进行分析计算，从而让使用者能得到更加全面、准确的结果分析报告。相比于目前市场已有的多功能检测仪，我们将检测模块与机器人结合，除了融合多种检测模块之外，该机器人还可与大数据网络结合，对个人检测结果与数据库数据进行比对分析，预测个人未来身体状况，与医疗行业合作，可将检测结果发送至医生，实时问诊，及时诊疗，防止小病拖成大病的现象发生。

与市面上已有健康检测机器人比较起来，该特点意义在于，检测结果将上传至用户手机软件中，根据使用者年龄的不同，对检测值进行智能计算，依据各年龄段标准值进行结果分析，提供更准确的结果值。多功能一体化服务，可满足不同人群的日常体检需求，但价格更低，使用更方便，消费者只用花费几十元即可在任何场合任何地点完成检测。

可实施性：该部分由 STM32 单片机作为控制核心，由各检测项目所需的压力传感器、红外光传感器、温度传感器等设备通过编程实现，技术发展相对成熟。

4.4.4.3　特点 3：人机交互——拟人化、个性化服务

人机交互主要体现在：

（1）拟人化检测——拉近消费者与机器人的距离。检测动作拟人化，相对于目前市场上检测仪单调、传统的检测流程，我们将为机器人检测方式设计为模仿医生的检测动作，如手部安装有用于测体温的红外光电传感器，测试时，根据手部的超声波探距传感器或者用户位置，将手臂抬起上升至人额头前方进行检测；测脉搏时，机器人手掌内部的压力传感器感受到用户手部后将轻微收缩，维持握手姿态；测体重时，机器人下方伸缩出压力传感器，当用户站上去后，机器人双臂收缩，维持拥抱状态等；利用机器人二次开发的功能，我们可将枯燥的检

测方式设计为有趣、多变的拟人化动作，满足用户对于机器人的好奇心同时，提升用户体验，如图 4-3 所示。

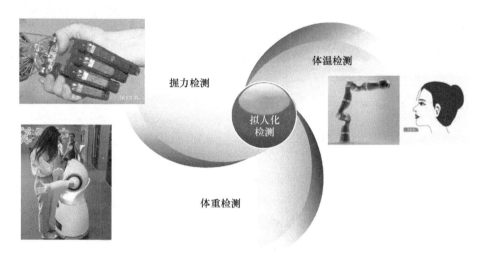

图 4-3 拟人化检测设计

（2）个性化服务，机器人功能自主设计模块——人人都能成为"程序员"。通过共享使用的运营模式，用户可通过手机软件功能设计模块，该部分采用中文匹配型编辑方法，无需用户有专业知识，通过简单学习即可自主设计，用户也可选取已编辑好的机器人动作以及软件上的语音编辑模块，输入文字，编辑信息通过蓝牙传输至机器人，使机器人能根据用户个人需求进行不同服务，如图 4-4 所示。

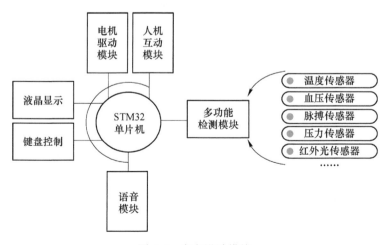

图 4-4 自主设计模块

　　通过该功能模块，让每个人都能有机会成为"程序员"，从而让人们更了解机器人，并使机器人根据不同人群需求发挥更多功效，让机器人走进千家万户。也许在未来，街边的共享机器人可以根据不同人群的自主功能设计，提供更为智慧化、个性化、人性化的便捷服务。

　　可实施性：该部分主要实现途径与特点 2 相同，主要通过 STM32 芯片通过编程实现。

4.4.5　环节 4：机器人设计

　　为了实现项目设计方案中各部分特点，Pacers 被设计为人型机器人，其外形示意图如图 4-5 所示。

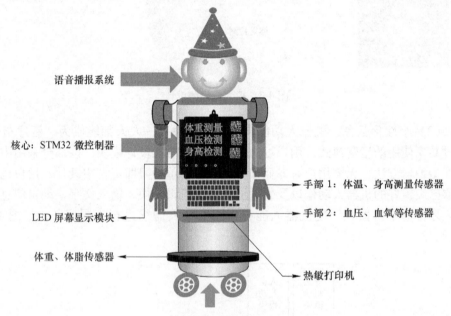

语音播报系统

核心：STM32 微控制器

体重测量
血压检测
身高检测

LED 屏幕显示模块

体重、体脂传感器

手部 1：体温、身高测量传感器

手部 2：血压、血氧等传感器

热敏打印机

超声波、自动寻迹模块传感器

图 4-5　Pacers 机器人示意图

4.4.6　环节 5：研究结果及讨论

　　Pacers 是一款融合共享经济、多功能身体检测、拟人化人机互动服务为一体的智能人形机器人。为满足不同人群日益增长的健康需求，Pacers 有多种检测模式，如中年人检测模块、青年检测模块等，检测项目包括血压、血糖、身高、体脂等当前人们普遍关注的健康问题，检测结果可上传至用户手机，并分析检测结果。检测方式主要通过机器人自带各类传感器实现，核心处理器为 STM32 单片机。

随着共享经济的发展，越来越多的传统行业加入进来，但不难看出，目前共享产品科技含量低，而共享机器人的想象空间相比要大得多。Pacers 通过付费使用的运营模式，用户选择相应检测模块，完成网上缴费后即可开始使用，市场同类检测仪大多价格昂贵，普通用户无法承担，但去医院体检又没时间，Pacers 能通过自动循迹模块穿梭于各大商场、社区、街市等地，老人散步时、上班族下班逛超市时看到 Pacers，拿出手机，选择检测项目，完成扫码付费即可检测。

市场上同类检测仪检测方法单调，而 Pacers 通过将检测仪与机器人结合，进行拟人化服务，例如用户选择体温检测时，Pacers 手掌中的温度传感器在超声波传感器的探测下伸至额头模仿医生动作等；此外，还有语音服务告知检测方法；Pacers 还具有用户自主开发功能，用户可选已设计好的动作模块进行设计组合，满足如商场提取货物等个人需求，且可根据用户反馈不断进行二次开发，提升用户体验，从而让机器人走进百姓的日常生活，希望我们的机器人能如同其名字一般，开拓机器人发展新道路，成为机器人行业领步人。

第5模块 单片机的智能检测应用开发

5.1 单片机之问

单片机是一种集成电路芯片，是采用超大规模集成电路技术把具有数据处理能力的中央处理器 CPU、随机存储器 RAM、只读存储器 ROM、多种 I/O 口和中断系统、定时器/计时器等功能（可能还包括显示驱动电路、脉宽调制电路、模拟多路转换器、A/D 转换器等电路）集成到一块硅片上构成的一个小而完善的微型计算机系统，已在工业控制领域广泛应用。从 20 世纪 80 年代开始，已由当时的 4 位、8 位单片机，发展到现在的 32 位 300M 的高速单片机。

目前，单片机已经渗透到我们生活的各个领域，几乎很难找到哪个领域没有单片机的踪迹。导弹的导航装置、飞机上各种仪表的控制、计算机的网络通信与数据传输、工业自动化过程的实时控制和数据处理、各种智能 IC 卡、民用豪华轿车的安全保障系统、录像机、摄像机、全自动洗衣机的控制以及程控玩具、电子宠物等，这些都离不开单片机。更不用说自动控制领域的机器人、智能仪表、医疗器械了。因此，单片机的学习、开发与应用将造就一批计算机应用与智能化控制的科学家和工程师。

传统的检测仪器大多由硬件电路来完成，不仅功能单一且开发时间长。随着微电子技术和信息技术的高速发展，医学检测仪器正向组合式、多功能、智能化和微型化方向发展。现代数字部件的快速发展为医学检测仪器提供了强有力的支持，生物医学检测仪器都无一例外地采用了微处理器芯片，如单片机来增强其智能化，提高其稳定性和数据处理的精确性，使生物医学信号的采集、处理以及通信一体化，并且具有自诊断、自校验等一系列优点。

单片机是现代医学智能检测领域的重要支撑，本堂课结合项目式实战案例，从 4 个方面介绍单片机在医学智能检测中的应用。

5.2 实战项目——血氧监测

5.2.1 概述

据统计，截至 2017 年底，我国各类心血管疾病患者多达 2.8 亿人，且心血管疾病的致死率高达40%，在我国居民死亡率统计中，心血管疾病连续十年高居前三。因血液中氧气含量低造成的全身心、脑、肾等重要器官缺氧，进而引发各类心血管疾病，严重危害人的健康。所以，无论是在日常生活中或是临床治疗中，针对血液中氧气含量的检测显得尤为重要。

人体各器官组织新陈代谢所需的氧，是由血液中可与氧结合的血红蛋白携带传输至身体各处，血红蛋白与氧的结合效率，直接影响到氧的传输能力，该传输能力可用血氧饱和度衡量。血氧饱和度值正常，则能够保证人身体中氧的传输效率。血氧饱和度表示氧合血红蛋白占血红蛋白的百分比，在人体组织中，氧的运输主要靠氧合血红蛋白完成，氧合血红蛋白运输氧的能力即可反映为血氧饱和度数值。血氧饱和度值的高低表示人体新陈代谢的好坏，血氧饱和度值过低，易造成供氧困难，大脑等耗氧器官功能衰退；而血氧饱和度值过高，表示体内氧环境过高，造成血黏度高，使人体系统出现紊乱。所以，针对血氧饱和度的检测显得尤为重要。以往，针对血氧饱和度的测量方法多为有创测量，但有创测量无法连续进行，且创口处易感染，因此研究一种基于STMC51单片机为核心控制的无创血氧饱和度测量仪，对实现无创、连续测量血氧饱和度的方法具有重要意义。

5.2.2 实战案例：基于51单片机的血氧信号检测与分析

5.2.2.1 环节1：调研背景

目前，血氧信号中的血氧饱和度主要利用血氧仪来进行无创光学检测。国内有许多医疗器械公司和厂家从事血氧仪的研究，其产品设计原理几乎都是分光光度法，使用方法多为将手指套入透射式传感器进行检测。国内血氧仪产品及优缺点见表5-1。

表5-1 国内血氧仪统计表

单位	产品	产品参数	优点	缺点
江苏江航医疗设备有限公司	江航血氧仪ZH-F11	血氧值显示：35%~95%；测量精度：80%~90%；误差：±2%，小于70%无定义	体积小、功耗低、使用便携，具有较高的重复性及准确性	指套式传感器，易因检测者个体原因造成检测误差，如涂饰指甲油等
鱼跃医疗设备有限公司	指夹式脉搏血氧仪YX301型	血氧值显示：0%~95%；测量精度：70%~90%；误差：±1%，小于70%无定义	测量精准，能有效防止外界干扰，仪器体积较小，重量轻	间歇运行，受患者检测状态影响大，动态测量结果不够准确

续表 5-1

单位	产品	产品参数	优点	缺点
北京超思电子技术有限责任公司	腕式血氧仪 MD300W1	血氧值显示：35%～99%；测量精度：70%～90%；误差：±2%，小于 70% 无定义	可长时间连续检测，可与该公司其余产品配合使用，外观可自行设计	该产品在检测中，易因检测者手指活动致使背景光改变而造成检测误差
康泰医学系统（秦皇岛）股份有限公司	掌上脉搏血氧仪 CMS60	血氧值显示：0%～100%；测量精度：70%～100%；误差：±2%，小于 70% 无定义	便携低功耗，读数准确，多种使用方法，大人、幼儿均可使用	检测探头宽大，不易固定于手指，受环境影响较大，结果值存在误差

通过表 5-1 可知，目前国内市场上的血氧仪检测值精准性已有保障，使用方便，单个产品售价 180 元左右，价格便宜，很好地满足了国内患者的需求。国内血氧仪存在不足的地方在于由血氧探头结构及使用环境造成的干扰，从而引起结果出现偶尔误差，其原因具体体现在以下几点：

（1）背景光比较强烈，周围光线过强；

（2）使用者测试部位（手指）晃动而引入干扰造成信号失真；

（3）由年龄、肤色、性别、个人体质原因引起的检测误差较大。

故针对血氧饱和度的检测，还有需要改进的地方。

血氧饱和度检测产品的国外品牌有：美敦力柯惠（Nellcor）、飞利浦（Philips）、麦斯莫医疗（Masimo）等。美敦力柯惠利用传统的血氧技术，通过对脉搏血氧波形图的峰值点来计算血氧饱和度值，该公司近年来一直在血氧探头结构及使用方法上进行创新设计，如粘贴于前额检测的 MAX-FAST 传感器，该新型传感器与以往探头式传感器不同，该传感器的使用方式为粘贴于测试者前额处，不同于在手指处的测试，该类传感器能有效避免手指抖动及血管收缩带来的影响，其在测试者血液弱灌注的情况下依然能有效反映出测试者的血氧饱和度。

麦斯莫医疗公司主要是对血氧测量仪的系统进行创新设计，其研发的 MasimoSET 系统能通过内部血氧信号提取计算程序算法的优化，避免了运动噪声的干扰，在弱灌注的情况能实现连续、实时的检测，并能够降低信噪比，提高血氧饱和度数值的准确性。通过对血氧测量仪分析系统的研发，进一步提升了血氧仪的检测精度。

由国内外发展情况可知，目前血氧饱和度测量发展方向仍是基于红外光谱光电法测量为主，该原理发展成熟，市场运用广泛。针对检测结果的准确性，目前主要是通过改善血氧测量的方法、血氧饱和度算法优化或者针对血氧探头的结构进行创新设计，减少因病人活动、背景光、外界光线干扰等所带来的影响。综上所述，目前市场上血氧饱和度的检测技术已经很成熟，而其结果很大程度上由血氧探头决定，如探头宽大、患者手指活动引入噪声干扰或背景光强烈等原因都会对结果值造成影响，因此，对于背景光处理及探头固定是确保结果准确的重要手段之一。

针对血氧信号的处理，可以利用 ATmega8535 单片机进行血氧信号检测，与传统基于单片机的血氧测量仪不同的是增加了自动调光控制电路来检测脉搏波，克服了数字脉冲 A/D 采样的干扰，解决了患者手凉或末梢全血循环不良的问题，但该电路需要另增加一块单独 CPU 来控制光源程序，增加了工作量；如利用了 STM32 单片机，通过单片机程序设计，将血氧探头输出的光电流信号转变为与之对应的脉冲信号，并传输到 STM32 单片机中，随后，以脉冲的频率和光信号的对应关系为基础，通过血氧饱和度算法分析得出血氧饱和度数值，利用 STM32 单片机直接完成整个血氧饱和度检测及分析系统，可以省去电流/电压转换、过滤除杂放大处理等步骤，减少项目设计的工作量。从单片机的运算能力、数据处理能力等综合能力上来看，STM32 优于 STM89C51 单片机，但 STM32 单片机对使用者能力要求较高，学习难度高，且 STM32 单片机主要适用于跑指令及算法，针对信号处理需要多片 DSP 并行处理。如以 PIC18C252 单片机为核心的控制程序，实现数字信号处理算法及计算人体脉率和血氧饱和度的复杂算法，能够有效地克服测量信号的漂移和噪声干扰。PIC 单片机在指令集上要简于 51 单片机；对于信号的处理，要快于 51 单片机；而在中断入口方面，51 单片机也拥有较为明显的优势，中断能力强，使 51 单片机在驱动电路实时控制中发挥更大作用，且 51 单片机体积小。51 单片机扩展性能强，可在后期与 Cortex-M3 微处理器扩展使用，将检测到的血氧饱和度数据通过无线传输实时上传，完成在线网络分析。

5.2.2.2 环节 2：研究原理及目的

目前，针对血氧饱和度测量主要是采用透射式血氧探头，依据朗伯-比尔定律计算得到。人体血液组织中主要有还原血红蛋白（Hb）及氧合血红蛋白（HbO_2）等 4 种蛋白，血氧饱和度可用 SpO_2 这个物理量来表示，其值的变化反映出人体新陈代谢的变化情况，血氧饱和度的计算公式如下：

$$SpO_2 = \frac{HbO_2}{HbO_2 + Hb} \times 100\%$$

当前主要依靠分光光学法检测血氧饱和度，分光光学法以朗伯-比尔定律为基础，主要是依据不同物质对不同波长的光吸收率不同，经由计算分析可知不同物质的含量。在人体血液组织中的还原血红蛋白及氧合血红蛋白对光的吸收系数都有各自的特点，当选取波长为 660nm 的红光发光时，氧合血红蛋白及还原血红蛋白对光的吸收系数差异最大；当发光二极管发射波长为 940nm 的红外光时，二者对光吸收系数差异最小。将入射光与出射光之间的差异表示为电流信号，通过吸收差异对比及分析脉搏血氧波形图，进而得出氧合血红蛋白及血红蛋白的总量与百分比。Hb 主要吸收红光，HbO_2 主要吸收红外光。

脉搏血氧波形图主要由直流分量及交流分量组成，骨骼、皮肤、黑色素等无用成分对光的吸收量为直流分量 DC，而动脉血对光的吸收反映为交流分量 AC，为有用分量。HbO_2 和 Hb 在动脉血中的吸收随脉冲作用的周期性变化而变化并成为血氧饱和度信号中的交流分量 AC。血氧饱和度有效值主要为交流分量的值。AC 与 DC 分量由光电接收管接收，血氧信号从血氧探头输出后，经滤波除杂及电流/电压转换后，可用示波器测得其脉搏血氧波形图，无用的直流分量 DC 与有用交流分量 AC 可通过程序设计从脉搏血氧波形图中提取获得，可以根据血氧脉冲波形的峰值、幅值和周期来计算氧合血红蛋白、还原血红蛋白对两路光的吸收率，并由此计算出脉搏血氧饱和度，其公式如下：

$$SpO_2 = A - BR + CR^2$$

$$R = (Vredac/Vreddc)/(Viredac/Vireddc)$$

式中　A、B、C——定标常数，可以由定标实验得到；

　　　　R——两个波长的光吸收比率；

　　$Vredac$——红光的交流分量；

　　$Vreddc$——红光的直流分量；

　$Viredac$——红外光的交流分量；

　$Vireddc$——红外光的直流分量。

5.2.2.3　环节 3：研究创新及意义

通过对以上几种用于血氧饱和度信号检测与分析的处理单片机比对分析，发现以 51 单片机为核心处理器，虽然在可靠性和开发环境上不能和 STM32、PIC 单片机媲美，但其与各单片机相比，有其独有的特点，具有相对不错的运算能力、便宜的价格及脉搏血氧饱和度对位率精度要求低的特点，使得 51 单片机在众多芯片选型中脱颖而出。故本次项目设计以 51 单片机为核心处理器，完成血氧饱和度检测分析。

项目创新有以下两点：

（1）对血氧探头的检测结构进行创新设计。通过对普通手套的巧用及结合滤光片设计，减小检测过程中由背景光、患者手指活动引起的检测误差，提升精准度。

（2）基于 51 单片机的驱动电路控制程序设计，采用脉宽调制技术（PWM）实现对光电容积脉搏波信号的自动增益调节。

设计的创新意义在于在血氧探头检测结构上采用普通手套，截取拇指端以上部分，套住血氧探头，使探头与手指紧密结合，减小因手指活动造成的误差，在探头外部，结合滤光片设计，有效减少背景光对检测过程的干扰，从而确保检测结果精确度。

5.2.2.4 环节 4：研究设计方案

项目设计主要针对血氧信号进行采集、预处理、过滤、放大、分析、显示等步骤，其信号处理流程及设计方案如图 5-1 所示。

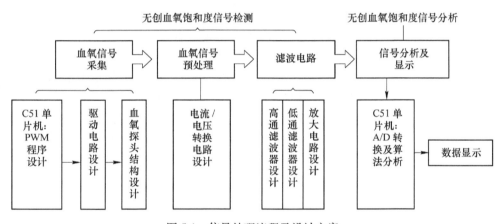

图 5-1 信号处理流程及设计方案

（1）血氧信号采集模块设计。用 Keil μVision5 软件开发系统进行 PWM 程序设计，在电脑上通过 STC-ISP 等程序软件将 PWM 程序储存至单片机中。

（2）驱动电路及血氧探头设计。驱动电路主要利用 PNP、NPN 两类型三极管及电源以及若干电阻及面包板设计完成，并且对血氧探头外部检测结构进行创新设计。

（3）血氧信号预处理设计。以面包板为电子元器件载体，在面包板上设计搭建电阻、电容、滑动变阻器等完成血氧信号预处理电路的设计。

（4）滤波电路设计。完成高通滤波器电路设计，完成低通滤波器电路设计，完成放大电路设计。

（5）利用示波器观察血氧信号波形图并与正常人体血氧波形图比对分析，利用 AD 转换器，完成血氧信号的 A/D 转换，通过程序编辑软件，完成波形分析计算程序设计，并利用烧录软件将程序下载至单片机。

5.2.2.5　环节 5：研究过程与测试

A　血氧信号采集模块

STM89C51 单片机开发环境要求较低，教程多，初学者能够较快速地掌握其使用方法及原理，这为设计提供了许多便利。C51 单片机以其高性价比、低门槛、可靠性高等特点，被该项目选为核心处理器。利用 51 单片机传输 PWM 程序控制血氧探头发光二极管，按一定周期轮流工作。PWM 程序对噪声抵抗力强、控制电路简单、成本低，因而被用于设计中。其程序设计思路如下：在调制方波上，通过程序设计，选取恰当定时器/计数器的周期，利用定时器/计数器控制中断时长，在一个信号周期内，让高电平、低电平转换，达到控制 PWM 占空比输出，完成一个周期内，高低电平按一定周期的相互转换，利用脉冲宽度调制技术，来达到控制红灯、红外灯轮流亮灭进行检测的功能。

PWM 信号从单片机输出后，需通过驱动电路对单片机输出的 PWM 信号进行放大处理，并将该信号传输至血氧探头两路灯的引脚处，以驱使两路发光二极管正常运作，为了延长光传感器的使用寿命，使驱动电路开始工作，需要利用 STM89C51 单片机 PWM 程序输出脉冲信号，来实现控制该部分功能。单片机利用定时器产生两个 PWM 信号，并将 PWM 信号接入设计的驱动电路中进行信号放大处理。为了红灯及红外灯能按照一定的周期轮流亮灭，项目所要求的 PWM 程序设计占空比为 50%，能重载初值、计数判断、反转电平，使小灯在一个信号发生周期内完成红灯亮、红灯灭、红外灯亮、红外灯灭的动作。

由于红灯、红外灯分别反映人体血液及皮肤、组织等穿透情况，需要采集两路光投射过人体组织后的情况对比计算出血氧饱和度值，而为了延长传感器的使用寿命、降低功耗，设计了占空比为 50%，其核心程序如下：

```
Include<reg51. h>
Sbit LED1=P3^1;
Sbit LED2=P3^2;
EA=1;
ET1=1;
TMOD=0x10
TH1=(65536-10000)/256;
TL1 =( 65536-10000)%256;
TR1=1;
LED1=1;
```

```
LED2 = 0;
Time = 0;
void Timer1( ) interrupt 3
Time++;
if( Time = = 50)
{
LED1 = ! LED1;
LED2 = ! LED2;
TH1 = (65536-10000)/256;
TL1 = ( 65536-10000)%256;
}
```

PWM 程序测试：PWM 程序主要利用示波器测试其波形图，红色探头接至单片机 PWM 输出引脚，黑色探头接地，在示波器上，调节时基选择（倒数第二排第一个旋钮）及微调（倒数第二排第二个旋钮），得出波形，并与正常 PWM 波形对比。

B 驱动电路

驱动电路实质为功率放大电路。因从单片机直接输出的 PWM 波信号功率小，不足以使血氧探头发光二极管灯正常工作，因而需要设计一个驱动电路来对 PWM 控制信号进行放大，发光二极管功率有限，如果功率过高，容易导致发光二极管烧毁，如果功率不够，二极管无法正常工作，而驱动可为电子元器件提供与之相对应的额定工作环境，根据电子元器件并联、串联方式的不同，驱动电路又分为提供电压、电流两种功率放大电路。血氧探头中，红灯及红外灯为并联方式，因而要求驱动电路能够输出较大电流，这一步可以利用三极管导通的原理进行设计，因而需要选取合适电子元器件设计驱动电路，如图 5-2 所示。

项目采用波长分别为 660nm 及 940nm 的发光二极管组成的透射式血氧探头进行检测。发光二极管压降为 1.8V 左右，工作电流一般为 15~20mA，为了防止电路因功率过大而将发光二极管烧毁，需增加阻值在 60~150Ω 范围之间的电阻。除电阻外，还需要用到 PNP 和 NPN 两种三极管，这里用到的 NPN 为 S8050，PNP 为 S8550，两种三极管不同之处在于 P、N 两种材料排列顺序不同，这两种三极管都有对电路信号放大的作用，三极管的阻值范围为十几千欧至几百千欧之间，为了防止电路短路，还需选取阻值在 5~100kΩ 之间的电阻起分压限流作用。PWM 输入接在驱动电路上端 PNP 管基极处，PWM 输入低电平时，QB1 导通，当 PWM 输入电压大于三极管开启电压时，就会在集电极产生电流，发射极处于低电位，发光二极管处于正偏，导通发光。驱动电路图如图 5-2 所示。

单片机上的 PWM 输出引脚可根据需要自行设计。由 PWM 程序可知，单片

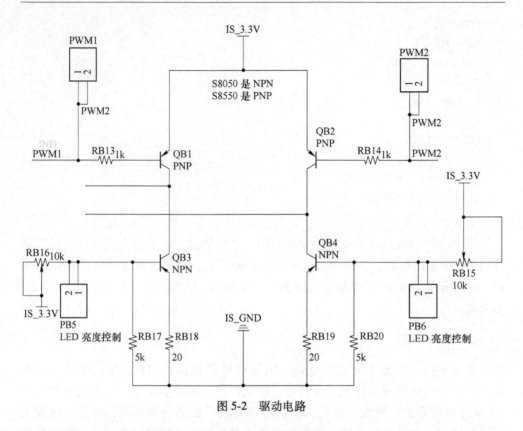

图 5-2　驱动电路

机上的 P3.1 及 P3.2 引脚分别为 PWM1、PWM2 输出端口。QB1、QB2 为 PNP 型通用三极管，在电路中主要起开关作用，实现红灯、红外灯的轮流交替照射。QB3、QB4 为 NPN 通用三极管，在电路中提供电流供二极管发光，并控制光亮度。通过 RB17、RB18、RB19、RB20 阻值设计，使通过发光二极管的电流控制在 6.40mA 左右，在二极管额定功率范围之中，因而灯不会因电流过大而烧坏。

C　血氧探头设计

本项目选用 XS12K5P 五芯型透射式血氧探头，五芯探头有一根接地线，能防止发生漏电现象，保护使用者安全。透射式血氧套头发光波长偏差小、抗干扰能力强、精度高，血氧探头主要依靠其内部上方的发光二极管模块发射红光及红外光，光穿透手指后由下方的光电接收管接收光信号，并转换为与光信号对应的电流信号输出。血氧探头内部结构如图 5-3 所示。

针对目前市场上大多数血氧检测仪，检测误差多为血氧探头结构缺陷而引入噪声干扰及背景光等问题，此次设计针对血氧探头进行创新设计，主要是利用塑料手套及滤光片完成，课题所有塑料手套为普通乳胶手套及普通超薄光学滤光片，滤光片特性为黑色可通红外光（800~1600nm），大部分肉眼可见光（400~

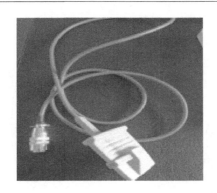

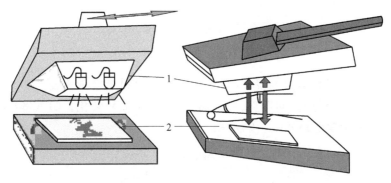

图 5-3 血氧探头内部结构

1—红光/红外光组成的发光二极管模块；2—光电接收管

680nm）通过率仅为 10%，能很好地隔绝外界光源干扰。传统血氧探头宽大，手指在其中易因活动而引入噪声干扰，此次设计截取塑料手套指端一截包裹住血氧探头，避免手指活动造成信号失真或引入干扰信号，利用滤光片封闭探头开口，防止外界光源干扰，利用示波器检测对比血氧探头结构设计前后的波形图，分析创新方案可行性。血氧探头结构设计流程如图 5-4 所示。

D 血氧信号预处理

经血氧探头输出的信号为 1nA 的微弱电流信号，为了便于后续的信号除杂、过滤、放大等处理，需要对该电流信号进行电流/电压转换处理，以方便后续处理模块能顺利对信号进行采集、除杂、滤波等处理。血氧信号预处理电流反馈电阻大小取 100kΩ，并在电路两边并联一个小电容，形成积分电路，可以进一步减小输入电流的噪声。

血氧探头输出的光电流信号大多为直流分量，信号中反映人体血氧信息的交流分量十分微弱，所以需要经过高通滤波器去直流保交流处理。其截止频率

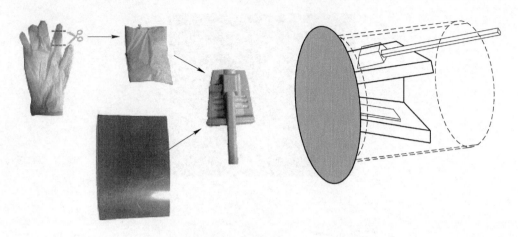

图 5-4　血氧探头结构设计流程及设计图

为 0.1Hz。

在电流/电压转换电路的设计中，用到了 OPA380 运算放大器，OPA380 运放具有偏置电流低、噪声低的特点，能很好地运用于 I/V 转化；OPA380 引脚如图 5-5 所示，I/V 转换电路如图 5-6 所示。

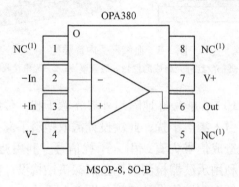

图 5-5　OPA380 引脚

OPA380 负接血氧探头 5 引脚，OPA380 正接血氧探头 1 引脚，传感器输出接反向电压后串接一个 100kΩ，C1 可以改变相移、防止自激，C1 与 R3 并联，起低通滤波防止震荡，为防止 C1 和 R3 组成低通滤波器造成发光二极管失真，其截止频率应小于 400Hz，取 C1 = 0.027μF，R3 = 100kΩ，根据公式：

$$f = \frac{1}{2\pi} RC = \frac{1}{2\pi} \times 0.027 \times 10^{-3} \times 100 \times 10^{3}$$

计算可知，截止频率为 59Hz。产生的电流经 R3 后转换成 U1 电压输出。

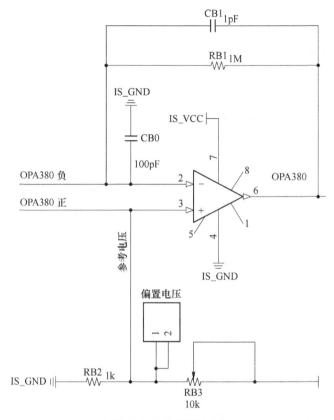

图 5-6 I/V 转换电路

E 滤波电路

信号经电流/电压转换后，还存在着直流分量、工频干扰等，经过滤波电路后，需要将反映脉搏血氧饱和度的模拟信号转换为数字信号进行算法分析，因而要对信号进行 A/D 转换，血氧信号的 A/D 转换要求信号为"V"级信号，所以在滤波电路中还要设计一个放大电路，通过元器件选择计算出放大倍数从而将"mV"级信号放大至"V"级。人体血氧信号频率仅为 0.1~40Hz，十分微弱，故滤波电路设计过程中，需要除去 0.1~40Hz 以外频率的信号即可。除了除去无用频率信号，在有用频率信号范围内，还存在着高频噪声、工频干扰以及需要提取出无用直流分量和有用交流分量，故需经过滤波处理。滤波电路由高通滤波器、低通滤波器、放大电路组成。

F 血氧信号分析

信号经滤波处理后，下一步是对血氧信号进行分析处理。首先对采集到的血氧信号进行 A/D 转换，将表示血氧饱和度的电压值转换为与之相对应的数字量，以便于单片机对其进行算法分析，将检测到的特征信号通过算法分析以表示出代表人体血氧饱和度的数值，其设计如下：利用 A/D 转换器，将滤波电路输出信号直接进行 A/D 采样。采样后，通过算法设计，对采样到的脉搏血氧信号进行光束分离、脉搏波检测。血氧饱和度检测分析的关键是能得到一个近似于标准脉搏波的波形图，通过分析波形图的周期、幅度和峰值，完成数字分析，经由单片机通过串口将数值输出至 LCD 或 PC 端显示。

由滤波电路输出的信号为脉搏血氧波形图，标准脉搏血氧饱和度波形图如图 5-7 所示。

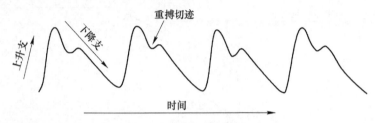

图 5-7　脉搏血氧波形图

波形情况能反映出人体血液流动情况，如上升支反映心室快速射血，大量的血液迅速流入动脉血管，使动脉壁扩张，如果心室搏动较大，形成上升支，射血速度快，外周阻力小，则上升支有大的斜率和大的余量；反之，则上升较缓慢、幅度较小。下降支为心室缓慢射血期，进入主动脉的血量少于从主动脉流向外周的血量，大动脉弹性回缩，血管充盈量减少，形成下降支。在主动脉瓣关闭的瞬间，因为心室舒张引起主动脉血液向心室方向反流，造成主动脉瓣关闭，反流血液使主动脉根部扩张，并受到已关闭的主动脉瓣的阻挡而形成一个反折波，在下降支出现一个短暂的上向波，称为重搏切迹。

血氧探头发光二极管发出的光源穿透人体组织，部分光源被骨头、皮肤等吸收，一部分光源经血液吸收后，由接收管接收透射光，而血氧饱和度正是由这部分由血液透射后的光源计算分析得到。得到波形后，血氧信号输出至 51 单片机进行 A/D 转换，随后经数字信号处理模块，经由一系列复杂的信号处理，经数码管显示，也可将其通过示波器、PC 机软件显示为波形图。针对血氧信号波形图，首先进行滤波处理，分别获取红光、红外光波形图，截取相对平稳波形图，搜索波形的峰值点与谷值点对波形图进行分割，准确得到一个波形周期内的最大值及最小值，依据血氧饱和度计算公式，即可计算出血氧值。

在 A/D 转换的设计中，采用 ADC0809 芯片进行，图 5-8 为 ADC0809 芯片引脚图。血氧信号的采集模块主要工作是对血氧信号的波形图采集，采集到波形图后，与正常人体脉搏血氧波形图比对分析测试者的波形情况，随后根据血氧饱和度计算原理，通过程序编写提取脉搏血氧波形中的峰值及周期，计算出血氧饱和度值。

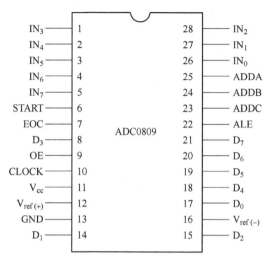

图 5-8   ADC0809 引脚图

在 A/D 转换这一步中，采用 8 位 A/D 转换器 ADC0809，0809 相比于其他 ADC 转换器，其速度较快，对脉搏血氧这样的微弱信号，使用并行 ADC 较为合适，ADC0809 误差在±11/4LSB 之间，精度较高，能防止丢失信息，造成失真情况的发生，且 ADC0809 对于初学者上手学习较为简单，价格低廉，0809 与 STM89C51 单片机接线图如图 5-9 所示。

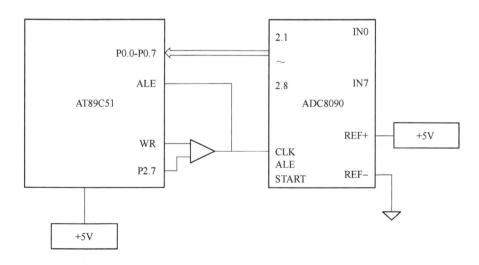

图 5-9   C51 单片机与 ADC0809 接口连接

单片机地址总线与 ADC8090 数据线连接，IN0、IN7 分别接滤波电路两路输出，两路输出分别对应红光、红外光输入量。血氧信号经 A/D 转换后，将模拟量转换为数字量，并进行相应算法分析，其算法步骤主要为脉搏波信号平滑滤波、脉搏波的周期及幅度计算，根据计算出的数值，结合血氧饱和度算式，即可计算出血氧饱和度数值并上传至 LCD 或 PC 端显示。

5.2.2.6　环节 6：研究结果与测试

根据研究设计方案，得到基于 51 单片机的无创血氧信号检测与分析电路，其设计结果如图 5-10 所示。

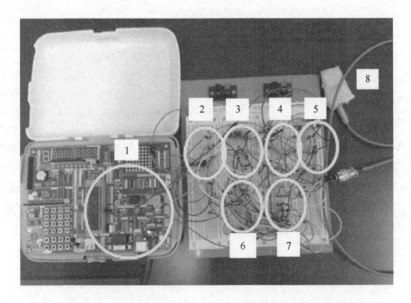

图 5-10　血氧信号采集模块、信号预处理、滤波电路搭建

1—PWM 输出模块；2—驱动电路；3—电流/电压转换电路；4—高通滤波器；
5—低通滤波器；6—放大电路；7—二阶低通滤波器；8—血氧探头设计

A　血氧信号采集模块测试

按照测试方案，分别对血氧信号采集模块各部分进行测试及分析，结果如下。

a　PWM 程序

根据设计方案，由 C51 单片机输出 PWM 占空比为 50%，使血氧探头在一个周期内完成红灯亮、红灯灭、红外灯亮、红外灯灭，标准占空比为 50% 的 PWM 波形如图 5-11 所示。

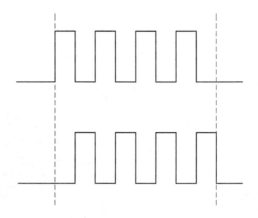

图 5-11   50%占空比 PWM 的标准波形

为了验证课题设计 PWM 是否符合标准，利用示波器测其波形，如图 5-12 所示。

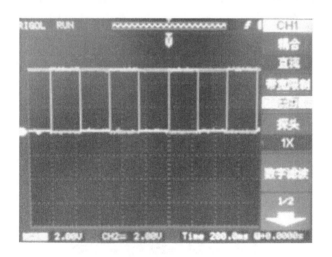

图 5-12   PWM 信号检测

对比图 5-11 和图 5-12 发现，课题所设计 PWM 波形与标准 PWM 波形契合，达到了课题预期的设计要求。PWM 程序是由单片机输出的一系列幅值相等的脉冲，在这一系列的脉冲之中，占空比即为高电平脉冲占周期时间与总周期的百分比。图中利用黄/蓝线分别代表两路 PWM 波信号，信号完成高低电平转变即为一周期，在一周期内，高低电平各占 50%时间，两路 PWM 波信号控制红外灯 IR_C 及红灯 R_C，PWM 信号输出引脚分别接至传感器 2、3 引脚，能够观察到在一个周期内，随着 PWM 高低电平的转变，红灯/红外灯交替亮灭，达到 PWM

程序设计要求。

b　驱动电路

驱动电路搭建及血氧探头光亮情况如图 5-13 所示。

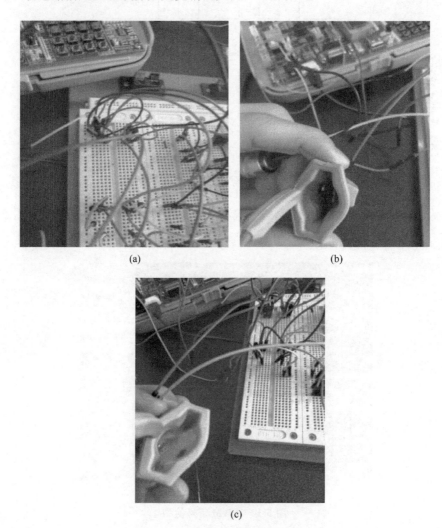

(a)　　　　　　　　　　　　　　　(b)

(c)

图 5-13　驱动电路搭建及血氧探头光亮情况

(a) 驱动电路搭建；(b) 接入驱动电路前；(c) 接入驱动电路后

由图 5-13 可知，血氧探头接入驱动电路前，光亮微弱，会致使检测信号不稳定，结果值出现误差，此时经由万用表测量输入电流为 1.65mA，正常发光二极管工作电流在 5~20mA 之间，因而此时发光二极管无法正常完成检测工作。而将 PWM 波信号接入驱动电路后，由驱动的电路对其输入信号进行放大，使血氧探头有足够功率驱动 IR_C/R_C 轮流亮灭，此时输入电流为 8.5mA，达到设计要求。

c 血氧探头设计

针对血氧探头结构进行创新设计，在测试时发现，血氧探头内部较为宽松，手指易摇动，且探头开口处易引入外界光源干扰，而造成波形不稳定，针对此问题，项目组对探头结构进行创新设计，截取塑料手套指端部分包裹探头，起到加固探头的作用；同时，发现如有强光干扰探头开口处，会显著造成波形不稳定的情况，针对于此情况，将滤光片安置探头开口，有效遮挡强光干扰，波形情况较为稳定。项目通过对血氧探头结构创新设计，能有效避免手指活动及外界光源干扰而引起的误差。

B 血氧信号预处理及滤波电路

按照测试方案，对血氧信号预处理及滤波电路进行测试，当信号通过放大电路、二阶低通滤波器后，用示波器检测输出波形，调节示波器时基选择旋钮，时间观察选为 $500\mu s$，可得到测试者完整血氧波形图，如图 5-14 所示。与人体正常脉搏血氧波形图对比，其波形契合正常人体脉搏血氧波形，验证了血氧信号预处理及滤波电路模块设计功能，达到预期要求。

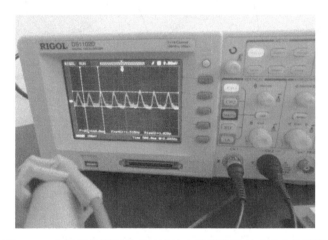

图 5-14 血氧经信号预处理及滤波电路模块处理后的完整波形

C 血氧信号分析

血氧饱和度值主要是依靠对波形图的峰值、幅度等信息通过算法分析计算，得出数值，因而波形图标准与否显得尤为重要。

而波形图的不同又能反映出许多人体健康问题，人体正常波形如图 5-15 所示。在此波形图中，峰值的高低表示动脉压力情况，上行支的陡峭反映心肌收缩力度，切迹及下行支基线反映外周阻力。

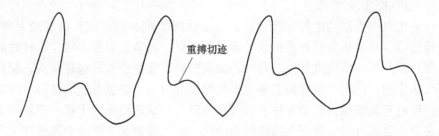

图 5-15　人体正常脉搏血氧波形图

　　一些异常的波形往往会反映出人体各方面问题，如图 5-16 所示的圆钝波，观察圆钝波可发现，圆钝波波幅较低，上升及下降缓慢，重搏切迹不明显，此类波形多为心肌收缩功能低下或血容量不足。高尖波（见图 5-17）波幅高尖，上升陡峭，重搏切迹不明显，舒张压低，多见于高血压及主动脉瓣关闭不全的测试者。

图 5-16　圆钝波

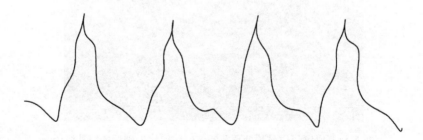

图 5-17　高尖波（主动脉关闭不全）

　　除此之外，还有低平波、不规则波等情况，这些波形所计算出的血氧饱和度数值均与血氧参考值存在差异，通过波形的观察，可大概获知测试者的身体健康。对得出的设计结果波形图观察可知，该波形图与人体正常波形图契合，峰值较为平均，但前面几个波形重搏切迹不够明显，随后搏形重搏切迹明显，排除测试者手指活动及外界干扰原因，应为滤波电路设计误差所致，采用的滤波元件精度不够，不是理想元件，实际检测中存在失调电压、温漂等情况导致检测结果出现误差，且用面包板搭建电路，存在接触不良等问题，在各部分功能模块测试中，常出现接触不良导致的波形杂乱现象，电路连接存在较多接触问题，后续可通过 PCB 板绘制，完善电路设计部分。

在获得正常波形后，后续应进行 A/D 转换、信号平滑滤波及脉搏血氧波形的幅度周期提取计算等处理，但该项目并未能完成该部分程序设计，因为无法得到具体的血氧饱和度数值并显示于 LCD 或 PC 端，需要后续研究解决。